贾东 主编 建筑设计·教学实录 系列丛书

历史与传承·历史街区规划设计

王 卉 编著

中国建筑工业出版社

图书在版编目（CIP）数据

历史与传承·历史街区规划设计 / 王卉编著. —北京：中国建筑工业出版社，2018.12
（建筑设计·教学实录 系列丛书 / 贾东主编）
ISBN 978–7–112–22957–4

Ⅰ.①历… Ⅱ.①王… Ⅲ.①城市规划—教学研究—高等学校 Ⅳ.① TU984

中国版本图书馆CIP数据核字（2018）第264406号

　　本书通过对历史遗产的理性认知、保护更新规划的设计过程和设计要素等教学案例总结历史街区保护与更新规划的思考和设计方法。希望通过对规划过程和规划内容的初步梳理，使学生对规划类型具有较清晰的认识。本书适用于城市规划专业在校师生阅读使用。

责任编辑：唐　旭　吴　绫　张　华
责任校对：芦欣甜

贾东　主编　建筑设计·教学实录　系列丛书

历史与传承·历史街区规划设计
王　卉　编著

*

中国建筑工业出版社出版、发行（北京海淀三里河路9号）
各地新华书店、建筑书店经销
北京点击世代文化传媒有限公司制版
北京中科印刷有限公司印刷

*

开本：787×1092毫米　1/16　印张：9¼　字数：171千字
2019年2月第一版　2019年2月第一次印刷
定价：58.00元
ISBN 978-7-112-22957-4
　　（33000）

前　言 | PREFACE

作为文化遗产的重要组成部分，国外的历史街区保护更新从20世纪60年代开始逐渐受到关注，它不仅是一种重要的规划类型，更是整个城市可持续发展的要素。我国作为历史文明非常悠久的国家，拥有大量的历史资源，这些资源在快速城市化过程中难免受到不同程度的破坏和影响。因此，如何在城市更新的过程中保护那些有价值的历史遗产具有重要的现实意义，也是规划设计教学的基本内容。本书通过教学案例总结历史街区保护更新规划的思考方法和设计过程，包括对历史遗产的理性认知、保护更新规划的设计过程和设计要素等内容。历史街区保护更新规划不仅需要常规的规划设计知识，更需要设计者具备传承历史文化的责任感和对建成环境的尊重。

本书主要分为3章，第1章规划特点与教学认知是对历史街区和历史街区保护更新规划的概念、特点、教学意义等进行总体性的概述。第2章主要阐述保护更新规划的过程和相应的设计方法。第3章是对保护更新规划的内容进行分解，将其分解为功能、交通、形态、建筑等要素分别加以论述。历史街区保护更新规划的内容极其复杂，本书希望通过对规划过程和规划内容的初步梳理，使学生对这一规划类型有较为清晰的认识。

本书阐述的教学案例主要为北方工业大学城乡规划专业三年级的学生作业。"北京大栅栏居住区规划设计"是三年级下学期核心的设计课程，设计要求在对整个地区进行综合调查研究、保护历史文化资源的基础上提出整体的保护更新策略，并重点考虑历史街区中居住环境的有机更新。学生作业多次在全国高等学校城乡规划专业城市设计课程作业评优中获奖。在此基础上，三年级规划教研组还组织同学积极参加北京市规划委员会、北京市西城区历史文化名城保护委员会等举办的各类专业型竞赛。以大栅栏地区整体保护更新为基础，对街巷空间、绿化景观、基础设施等专项内容进行更细致的调查和研究。学生作业在细节方面难免存在疏忽，但体现了学生对历史文化传承的思考和保护历史文化遗产的热情。

感谢北方工业大学建筑与艺术学院贾东教授在本书写作过程中给予的指导和帮助。感谢规划三年级教研组许方、于海漪、王雷老师为本书提供教学案例。感谢于扬同学进行的图纸整理和绘制工作。

目 录 | CONTENTS

第1章 规划特点与教学认知

1.1 历史街区

历史街区（historic district）是在城市漫长的历史演变过程中逐渐形成并发展起来的，它包含能够体现历史、艺术和科学价值的各种类型的物质遗存，不仅代表不同时期的政治、经济、文化和生产力水平，还传达社会文明与价值取向，也是人类情感的直观体现。

20世纪60年代之前，历史街区曾一度被认为是破败衰落的地方，对其保护并未得到正确的对待。之后，随着历史遗产涵盖范畴的不断扩大，对历史环境整体的功能体系、生活状态和空间形态的保护逐渐受到重视。至今，历史街区已经成为城市遗产的重要类型和组成部分。

1.1.1 历史街区的概念

至20世纪30年代，国际上的历史遗产保护多以单体的历史建筑作为保护对象，"历史街区"的概念是在从保护单体建筑到保护整个历史文化环境的过程中逐渐出现的。1976年，联合国教科文组织在内罗毕通过的《内罗毕建议》中指出：历史街区是人类日常生活环境的组成部分，是过去的生动见证，提供与社会多元化相对应的生活背景，为文化、宗教和社会的多样性提供确切的见证。因此，保护历史街区并使之与现代社会生活相结合是城市规划的基本要素。1987年，国际遗址理事会在美国华盛顿通过《华盛顿宪章》，指出历史街区是体现传统城市文化价值的大小地区，包括城市、城镇以及历史中心或居住区，也包括自然环境和人工环境。在各国的保护实践方面，法国是最早对历史街区进行立法保护的国家。1962年，法国颁布《马尔罗法》将有价值的历史街区划定为"历史保护区"，将遗产保护和城市规划相结合，对保护区内的建筑物、构筑物、开敞空间等要素进行管理和控制。1967年，英国《城市宜人环境法》明确城市规划需要将"有特殊建筑、历史重要性的地区"划定为"保护区"，城市规划决策应对保护、加强地区特征和外观予以特别关注。保护区的空间范围可大可小，包括建筑群、开敞空间、城镇中心、村庄等多种类型。日本在1975年修订《文化财保存法》时增加了保护"传统建筑群"的内容。法律规定"传统建筑集中、与周围环境一体形成了历史风貌的地区"应划定为"传统建筑群保护地区"。这类地区由地方城市规划部门确定保护范围，编制保护规划，对建筑新建、改建等行为进行管理控制。

我国早期文化遗产保护的重点集中于文物建筑保护，20世纪80年代开始逐渐将历史街区纳入文化遗产保护体系的组成部分。1986 年，国务院公布第二批国家级历史文化名城时，针对历史文化名城保护工作中的不足和旧城改造的高潮，提出保护历史街区的概念。相关文件提出："对文物古迹比较集中，或能完整地体现出某一历史时期传统风貌和民族地方特色的街区、建筑群、小镇村落等也应予以保护，可根据它们的历史、科学、艺术价值，公布为地方各级历史文化保护区。"1997 年，建设部转发《黄山市屯溪老街区历史文化保护区保护管理暂行办法》，明确指出："历史文化保护区是我国文化遗产的重要组成部分，是文物保护单位、历史文化保护区、历史文化名城这一完整体系不可缺少的一个层次。"

2002 年修订的《文物保护法》以"历史文化街区"替代"历史文化保护区"，指出"历史文化街区"是文物特别丰富，具有重大历史价值和革命意义的街区。在 2008 年颁布的《历史文化名城名镇名村保护条例》中，"历史文化街区"指经省、自治区、直辖市人民政府核定公布的保存文物特别丰富、历史建筑集中成片、能够较完整和真实地体现传统格局和历史风貌，并具有一定规模的区域。在我国，与"历史文化街区"相近的词还有"历史城区"、"历史地段"。根据《历史文化名城保护规划规范》GB 50357—2005，"历史城区"指城镇中能体现其历史发展过程或某一发展时期风貌的地区，涵盖一般通称的古城区和旧城区。"历史地段"指保留遗存较为丰富，能够比较完整、真实地反映一定历史时期传统风貌或民族、地方特色，存有较多文物古迹、近现代史迹和历史建筑，并具有一定规模的地区。"历史文化街区"指经省、自治区、直辖市人民政府核定公布应予重点保护的历史地段。

1.1.2　历史街区的特征

简而言之，历史街区的名称和指代虽然存在一定程度的差异，但历史街区的核心特征十分明显，它是在城镇历史文化中占有重要地位、能够代表城市发展演变、具有鲜明特色的地区，它与单体历史建筑、历史建筑群、大范围的历史碎片等历史遗产有本质的区别。

1. 历史真实性

历史街区必须是真实的历史遗存，携带真实的历史信息。街区内的建筑物、构筑物、街道、开放空间、绿化景观等是某一历史时期的真实见证。我国《历史文化名城保护规划规范》GB 50357—2005 规定在历史文化街区内，构成历史风貌的历史建筑和历史环境要素基本上是历史存留的原物，而且文物古迹和历史建筑的用地面积宜达到保护区内建筑总用地的 60% 以上。

2. 风貌完整性

历史街区的历史、艺术价值在某一历史时期或一段历史时期整体风貌的展现。历史街区由一定规模的历史建筑构成，这些建筑遗产并非单独存在，而需要成片集中。同时，历史建筑与街道、河流以及其他历史遗存等共同构成整体的物质环境，街区形态、总体格局和传统风貌应具有完整性。

3. 明显的空间范围和边界

虽然历史街区的面积可大可小，但作为一种街区仍需要占据一定的空间范围，并具有相对清晰的物质边界。如我国《历史文化名城保护规划规范》GB 50357—2005规定历史文化街区用地面积不小于1hm²。历史街区的边界可以是自然边界，如通过道路、地形、自然障碍物进行限定，也可以人为划定边界。在城市规划中，明确历史街区的边界是规划编制和管理的基础。清晰的边界有助于强化历史街区的职能和特征，也有助于对历史街区内的土地活动进行管理和控制，实施更有针对性的保护。

4. 具有鲜明的特征和多样性

历史街区是不同社会经济背景下，人们生产和生活方式的体现。由于传统社会物质、文化交流的局限性，历史街区往往具有明显的地方特色和独特的街区个性。同时，历史街区保存有丰富的历史遗产，但由于历史街区形成和发展的时间漫长，这些历史遗产可能建设于不同的历史时期。历史街区经历时代的变迁，反映城市演进的历史脉络，残留不同历史时期建设的痕迹，是城市拼贴的极佳见证。因此，历史街区的整体风貌具有多时期性和多样性的特点，是城市历史变迁、动态发展的产物。

5. 物质属性和社会经济属性具有关联性

历史街区是居民从事生产和生活活动的场所，除拥有丰富的物质遗产外，还存留有多样的非物质遗产。非物质遗产是历史街区社会经济属性的体现。历史街区展现了居民传统的生活状态和社会经济结构，包括家庭结构、生产生活方式、价值观念、风俗习惯等，这种社会经济属性与物质属性相辅相成、紧密相连。

1.1.3　历史街区的价值

20世纪60年代，历史街区被认为是破旧、衰败的地方，一度在大规模城市更新与再开发过程中遭到集中的拆除和破坏。对历史街区价值的重新审视和再认知源于全球化背景下城市特色的丧失和现代历史观念的转变（即摆脱单纯的"先进取代落后"的线性价值取向，而广泛理解和认同不同时空状态下的文化观念❶）。

---

❶ 杨正文. 文化遗产保护的关联话语意义解析 [J]. 西南民族大学学报，2014（7）.

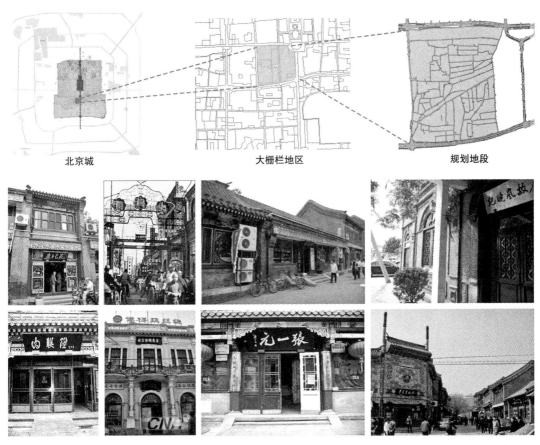

北京城　　　　　　　　　　　大栅栏地区　　　　　　　　　　规划地段

图 1-1　教学设计选取的大栅栏地区是北京著名的历史文化街区，包含大栅栏商业街和琉璃厂东街两处集中的传统商业街区，拥有大量丰富的历史文化资源

（1）历史街区是一种重要的不可再生资源和社会财富，历史价值是历史街区的核心价值。一方面，历史街区扮演历史文献的作用，蕴含城市的传统文化，❶是一个城市或地区历史文化的真实见证。另一方面，历史街区承载了人类文化的记忆，这种记忆建立了人们的文化认同感和归属感，是人们理解过去、感知现在、憧憬未来的基础（图 1-1）。

（2）艺术和美学价值：历史街区拥有丰富的各类风格的历史建筑或构筑物，能展现某一时期的艺术形式和美学特征；同时，历史街区的整体风貌体现了美学和视觉上的连续性，它的整体结构体现了人类聚居环境的美学价值。

（3）多样性的价值：现代社会，物质交流和文化交流的便捷拉近了人类的生存空间和距离，地方特色也在城市不断发展演变的过程中逐渐丧失，现代城市建设的趋同性导致城市存在明显的特色危机。在这样的背景下，人们急需剥离

---

❶　国际古迹遗址理事会.保护历史城镇与城区宪章（华盛顿宪章）[Z]. 1987.

出属于自己的传统文化和特有价值。文化在不同时期和不同地域具有各种不同的表现形式，历史街区恰是文化多样性的体现。

（4）适宜生活的价值：历史街区是居民生活的重要场所，且由于经历长时期的时间沉淀而形成稳定、和谐的生活状态和氛围。因此，在现代社会，历史街区是一个安心、舒适的生活空间。W·鲍尔在《城市的发展过程》中指出："在现在这种变化多端、日新月异的时代，如果说还有个稳定的共同的基础，那就是这些古老街区所具有的吸引人的持久不变的气氛，它令人精神振作、心情安定，有所依托……保留整个古老地区能丰富我们的视觉，如果我们不喜欢当代新创造的环境，我们可以选择在这些古老的房子和环境中生活和工作。"

（5）经济与商业价值：历史街区的经济与商业价值源于它的历史和美学价值。历史街区的地域特征是人们了解一个国家、城市、地区历史文化的重要途径，因此是城市旅游业的宝贵资源，也是发展传统商业和特色商业的契机。

1.1.4　历史街区的问题

尽管有着多样的价值，历史街区面临的问题也十分明显，这些问题决定了历史街区更新改造的必要性（图1-2）。

（1）历史街区是在一个相对封闭的社会，经过长时期缓慢发展而逐渐形成，其变化往往很小，结构也相对稳定。但在现代社会，工业化和城市化导致城市

图1-2　在物质空间层面，大栅栏地区存在的问题包括部分建筑破损严重，建筑密度极高，开放空间缺乏，市政设施不够完善，居民生活条件较差。社会经济生活层面，传统商业的延续和发展、邻里关系的改善等也是规划需要解决的问题

高速发展，生产方式、交通运输方式、生活方式的急剧变化都会不断破坏原有的街区结构和形态，这使历史街区承受了巨大的外部压力。特别是在一些历史性大城市，历史街区往往处于城市的核心地带，在城市空间不断向外扩张的过程中占据优越的地理位置，这使其面临的破坏性威胁更加严重。

（2）除受外部环境的威胁和影响外，历史街区自身也存在严重的功能性衰退和普遍的物质性老化。包括大量的历史建筑由于长时期的使用并维修不力而破损严重、结构腐朽、设施陈旧；街区的基础设施落后，包括道路交通、电力、排水、供暖等市政设施与城市新区相比非常薄弱，难以满足现代城市生活的需求；历史街区的人口密度普遍过高、私搭乱建现象严重，导致居住拥挤、居住环境质量下降；此外，历史街区的传统商业和产业虽然在某一历史时期占据重要的市场份额，但随着社会经济和生产方式的发展，不断受到现代商业和产业的威胁。这种威胁不仅影响传统商业和产业模式的存活，更间接带来传统文化的丧失。

因此，历史街区存在的问题包括外部破坏和内部衰退两个层面，这两个层面又是相互作用、相互促进的。无论国内或国外，历史街区都曾经遭受到不同程度的破坏，人们拆除和破坏历史街区多是认为历史街区的传统结构不能满足现代社会发展和生活需求。例如，为承载现代城市功能或"改善街区环境"而整片拆除历史街区、为满足机动车数量的增加拓宽街区道路、建设大尺度建筑破坏历史建筑的环境特征等。在这一过程中，历史街区的各类历史遗产包括单体的建筑遗产、整体的传统风貌和格局都受到明显的破坏，历史价值和艺术价值因此降低，并呈现出明显的衰落和消极的特征。

1.2　保护更新规划

历史街区作为人类的物质财富记录了一个地区在某一段历史时期的传统文化，是人类记忆的永久性载体。但出于各种内部和外部性因素，历史街区也在城市发展的过程中受到了明显的破坏。作为一种不可再生的历史资源，一旦被破坏，历史街区的历史价值和艺术价值便遭到严重损害而无法弥补。因此，运用恰当的手段保护这些街区是现代社会的重要责任，而城市规划就是为如何保护历史街区及如何适度地改造并合理利用建立一套方法和体系。

针对历史街区所进行的规划是一种保护更新规划，它既不同于在城市新区进行的以开发导向为主的规划，也不同于一般城市建成区的更新改造规划。在遵循常规的规划设计原则和技术方法的基础上，历史街区的保护更新规划更加谨慎，也更加复杂。基于历史街区所承载的历史价值和面临的现实问题，保护更新规划至少包含两个层面的内容：一是对整体的历史环境和各种类型的历史遗产的保护；二是适度地进行顺应时代需求的改造和更新，包括改善居住环境、提高生活质量、恢复街区活力、发展地区经济等。这两个层面在某种意义上是相互统一的。

1.2.1　什么是保护？

历史街区保护更新规划的核心是保护，不以保护为前提的规划将极大地损害历史街区的价值，并造成不可逆转的负面影响。但对于什么是保护？需要从更宽泛的视角加以审视。著名规划理论家 W·鲍尔在《城市的发展过程》中指出："保护"是指对现有的美好的城市环境予以保护，但在保持其原有特点和规模的条件下，可以对它做些修改、重建或使它现代化。

由于历史街区形成和发展的时间久远，是历史上某一时期生产和生活方式的体现。进入现代社会后，历史街区普遍存在物质性老化的现象，在很大程度上不能适应现代社会的发展需求，包括功能、产业、交通、基础设施等方面的需求。因此，从某种意义上说，历史街区在某些方面的衰落似乎不可避免。如何使其继续有活力地生存下去、成为城市现代生活不可缺少的组成部分，就必须在保护各种类型的历史遗产不被破坏的前提下，考虑适度合理地改造和更新。因此，"保护"一词不是简单的、一成不变的"preservation"（保存），而是含有"变化"概念的"conservation"。特别对于历史街区而言，保护不应是博物馆式的封存，而是需要思考如何在新的社会环境下适应现代生活的需求，融入城市的整体功能和可持续发展中，这里就必须含有发展和复兴的成分。成功的保护更新规划应能改变历史街区的消极状态，使之成为充满生机和活力的地区。

1.2.2　保护什么？

在谈及历史遗产保护方面，英文中"遗产"一词来源于拉丁语，原意是父亲留下的财产。进入近代社会之后，遗产的内涵和外延经历了不断扩展的过程，包括从单个历史建筑、历史建筑周边地区到整个历史环境；从古代遗产到近现代遗产；从物质遗产到非物质遗产；从重要建筑到普通民居等。因此，需要保护的内容、类型和范畴也随之增加。

首先，大量丰富的建筑遗产是构成历史街区的核心要素，它的外部面貌、样式、风格都是需要保护的内容。其次，同样作为空间构成要素的道路、广场、绿地等也是需要保护的对象。第三，历史街区不仅仅是若干建筑的拼合体，当建筑群、街道、绿化景观等一系列物质元素结合在一起时，会形成具有整体性的空间形态、风貌、肌理、街巷格局，这些是"街区"作为一种遗产类型的重要特征，是历史价值和艺术价值的核心体现，也是保护更新规划更应该侧重关注的内容。保护历史街区整体的风貌和结构需要保持各要素之间的空间结构关系，包括建筑与建筑、道路、场地之间的方位、尺度、比例、构图关系等。第四，除需要保护的物质元素外，历史街区是人们长时期居住和生活的空间，其特有的居住环境、生产生活方式、民风民俗等非物质元素也是需要保护的对象。历史街区的活力在于人的活动及人与物质遗产之间的互动关系，保护并延续街区的社会经济属性是历史街区生命力的根源。最后，还应特别注意的是历史街区存在大量所谓没有多少"重大历史价值"的普通传统建筑，这些建筑单体本身可能在历史价值和艺术价值方面尚未达到需要保护的级别，但由于其是构成历史街区整体空间形态和结构的组成部分，因此也是需要保护的对象。

1.2.3　如何保护？

历史街区保护涉及物质空间、社会经济结构等诸多方面的因素，是一项系统、动态、持续的平衡调节工作。

首先，作为人们居住、生活和工作的场所和空间，历史街区不可能作为一个凝固的展览品进行保存。为满足居民的生产活动，提高生活质量，历史街区需要不断地、适应性地发展和更新。因此，历史街区的一个重要问题就是处理好保护和发展的关系。在保护历史遗产的真实性、历史风貌和格局的完整性的基础上，规划师应对历史街区进行适当的整治和改造以减缓功能性衰退，恢复其持续的活力。这种更新包含两个层面的内容：一方面是物质结构的更新，包括部分建筑的拆除和新建；建筑物、构筑物、街道、公共空间的整治和改造；功能的调整和置换。另一方面是社会生活和经济活动的复兴，包括对街区发展需求的满足、居民生活质量的提高、传统产业和文化的振兴、多样社会活动的引入、新兴城市功能的容纳等。前者是后者的物质基础和载体，而后者是历史街区保护更新规划的根本目标。

其次，历史街区的保护更新是一个持续的、循序渐进的过程，不能一蹴而就，大规模地更新改造容易破坏原本稳定的街区结构。因此，保护更新规划不仅需要提出规划的原则、目标和方法，还需要为实施规划制定适当的步骤和程序。

最后，历史街区的保护更新涉及众多内容，实现各种目的和意图。但众多意图之间可能是矛盾的，如满足现代居民的出行便利与保护传统的街巷格局、保护当地居民的居住环境和开发商业旅游产业等。这些需要规划师从整体角度进行统筹安排，实质是在延续历史特征和满足现代城市需求之间寻找平衡。

1.3 教学认知

1.3.1 教学意义

历史街区保护更新规划是城乡规划专业教学的重要内容，不仅贯穿于城乡规划专业三至五年级的课程设计中，也涵盖在文化遗产保护等相关的理论课中。教学意义主要包含两个层面的内容：

（1）历史街区是人类文化遗产的重要组成部分，保护历史街区是保护整个文化遗产体系的重要环节。因此，通过保护更新规划的编制能够正确认识和理解文化遗产的概念、范畴，文化遗产保护的主流价值观和原则是重要的教学目的。

（2）从城市规划学习的角度来看，历史街区保护更新规划又是一种重要的规划类型，其复杂程度包括涉及的功能、交通、空间形态、景观、文化等都远远超过一般的城市地区。因此，对历史街区保护更新规划的学习是加强城市认知、掌握城市规划的原则和技术方法、更深层次地认识城市规划本质的重要途径。

1.3.2 教学特点

1. 规划方法的建立

历史街区保护更新规划的内容较多，通常包括街区的历史沿革和发展演变；现状的历史遗存包括物质遗存和非物质遗存；现状土地利用、道路体系、建筑质量风貌、绿化景观、基础设施等情况的调查和梳理；保护更新规划的目的、意义和原则；具体的保护更新措施等。这需要在规划过程中建立一套清晰的思路和逻辑（图1-3）：

从历史文献研究开始——结合对街区现状的调查和分析，明确历史街区存在的现实问题——提出保护更新的目标和策略——进行整体的物质空间规划——在此基础上进一步研究功能、道路、空间形态等设计元素——最后进行

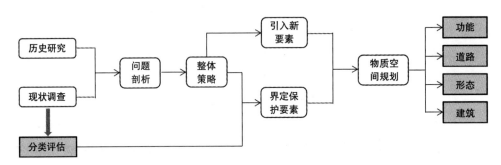

图1-3 设计思路流程图

节点的详细设计和单体建筑设计。

2. 以问题为导向的思路

历史街区保护更新规划的基本原则是首先保护各种类型的历史遗产，一切更新和改动均应在保护的基础上进行。但从遗产保护的角度而言，理论上任何后来的改造和更新都会在某种程度上对遗产的历史价值造成损害。因此，规划必须谨慎而行、有的放矢，应侧重于采用以问题为导向的规划思路，在发现问题、分析问题的基础上，以解决问题为目标。

3. 科学研究方法的训练

以问题为导向的工作核心是提出问题，而问题是在文献研究和实际调研中发现的。保护更新规划是在对现状和历史价值进行深入的调查、研究和分析的基础上完成的。因此，掌握科学的调查和分析方法，通过历史文献的查阅和对现状的实证研究综合了解地区历史发展演变的过程、历史遗产的特点和价值，以及存在的各种现实问题是需要着重培养的能力。

4. 遗产保护价值观的建立

历史街区是文化遗产体系的重要组成部分，但目前在社会层面，对于什么是文化遗产、为什么要保护文化遗产及如何保护文化遗产却存在诸多误区和偏见，这使我国的文化遗产遭受到严重的威胁和破坏。对保护更新规划的学习不仅可以引导学生对遗产的价值进行深入思考，更有助于建立正确的文化遗产保护的价值观。

5. 社会责任心的培养

历史街区是居民长期工作、生活的场所，在这一过程中也会产生诸多的社会问题。对历史街区的认识及改造更新必然要超脱单纯的物质空间规划，关注更广泛的社会问题和城市问题。学生在这一学习过程中可增强社会责任感、培养正确的规划价值观。

6. 对历史研究的重视

历史街区保护更新规划需要建立在理解历史演变、明确价值评价的基础上。因此，根据规划对象的特殊性，在教学中需要将建筑史研究、城市史研究与城市规划的编制内容和技术手段融汇在一起，对学生进行综合性的培养。同时，对历史街区的研究也有助于学生了解城市发展的历史过程、认识城市空间格局和演变的客观规律。

7. 规划技术的掌握

在技术层面上，通过完成一套完整的保护更新规划成果，学生可以掌握保护更新规划的基本原理、编制内容、编制方法、编制程序、规划成果的要求和相关图纸的绘制方法等。

第2章 | 规划方法与过程

2.1 历史研究

在保护更新规划开始之前，首先要对规划对象进行充分的了解和研究。由于历史街区是特定历史时期的产物，因此，对历史街区的认识需要置于当时的历史背景下。无论是物质层面的历史建筑、街道肌理、街区形态，还是非物质层面的传统文化、民俗习惯、居住方式、产业形态等都无法以当前的价值观和审美观进行判断，而应在整个历史演变的过程中加以思考。因此，深入的历史研究是编制保护更新规划的基础。（1）只有通过历史研究才能认识和理解目前街区功能和形态特征的形成渊源（图 2-1）。（2）理清历史脉络有助于为准确评价遗产的历史价值提供依据。（3）了解历史演变过程有助于发现或发掘目前已经消失的、有价值的历史元素，这些历史元素可以通过某种现代技术方式加以展示（图 2-2）。

历史研究需要借助工具完成，收集并研究历史文献，包括文字、图纸、历史照片等，是一种重要的研究方法和途径。

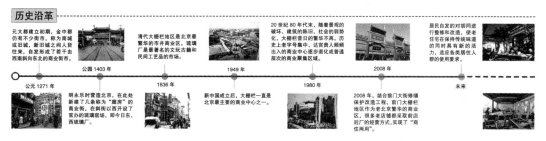

图 2-1 通过时间轴的方式梳理历史街区的产生、发展、兴盛和衰落过程

图 2-2 在琉璃厂地区的规划中，设计者通过对文献资料的学习和整理，发现该地区历史上曾经建设过很多会馆建筑。规划对各类会馆建筑进行挖掘，一方面结合部分现存遗址，对建筑本身进行保护、修缮；另一方面将现存建筑作为研究和展示会馆文化的场所

2.2 现状调查

2.2.1 现状调查的目的

著名规划理论家帕特里克·格迪斯曾说过规划需要内容广泛而深入的信息资料，了解规划工作的背景并掌握可能发生事件的尺度、规模和限制等，以明确要处理的问题，并提出了先诊断后治疗，先理解后行动的规划方法❶。其中，现状调查是获取信息资料、明确需要解决的问题、确定规划目标必不可缺的基础和过程。

对于历史街区而言，深入的现状调查和研究至关重要。针对历史街区进行的规划并非在空地上进行，而需要面临错综复杂的建成环境，因此对现状调查阶段的要求远远高于城市一般地区。一方面，历史街区包含大量的历史遗存，这些历史遗存的类型、数量、历史特征、艺术价值等除依据文献外，更需要实地考察进行明确和强化。另一方面，由于任何一种改造更新都会不可避免地对历史街区的历史价值和艺术特征造成影响。因此，规划设计主要以问题为导向，解决影响和阻碍历史街区进一步运转和发展的问题是改造更新的目的，而历史街区存在的问题必须从调研中得以发现。只有通过对现状的整理、理解和分析才能挖掘和明确需要解决的现实问题，缺少此部分内容，规划将变得没有意义。最后，历史街区包含有大量丰富的物质元素包括建筑、街道、绿地等，这些物质元素存在的时间不同、历史价值不同、艺术特征不同、现状质量风貌也存在明显差异，需要通过现状调查加以认识，并在保护更新规划中区别对待。因此，只有细致地调研才能指导下一步的规划设计，缺乏深度调研的规划将失去可操作性，也难以指导之后的改造更新工作。

2.2.2 现状调查的内容

对历史街区的现状调查首先需要结合历史研究了解历史街区所处的区位特征、自然地理状况、目前在城市总体功能和空间结构中的地位和作用、相关规划（如城市总体规划、历史文化名城保护规划）等对该地段提出的规划要求。在此基础上，对历史街区的实地调查可包含两个层面的内容：一是对物质结构的调查，包括街区现状的土地利用情况、整体的交通体系和道路状况、现状建筑、市政设施分布、公共设施分布、绿化景观等。二是对该地区社会生活和经济状

---

❶ （英）帕特里克·格迪斯. 进化中的城市：城市规划与城市研究导论 [M]. 李浩等译. 北京：中国建筑工业出版社，2012.

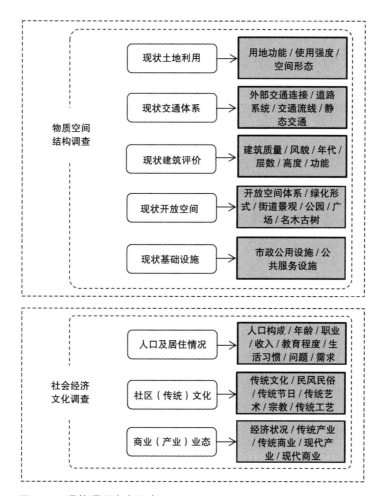

图 2-3　现状调研内容图表

况的调查，包括居住的人口情况、居民居住质量和环境、传统文化和民间风俗、社会结构、产业结构等（图 2-3）。

1. 现状土地利用

土地利用表达了人们使用土地的方式，包括将土地用作何种功能、使用土地的强度和呈现出的空间形态。

1）用地功能

对用地功能的调查可以从多个层面进行。

（1）对整个历史街区进行功能分区，这主要是从宏观的角度，根据不同片区的主要功能进行划分。这种方式有助于对该地区的土地利用现状进行整体性的审视，并反映街区整体的功能特征。功能分区主要依据现状，并带有设计者自身的理解，包含对该地区的职能判断。功能分区需要对主导功能进行高度提炼，归纳出几种清晰简明的功能类型（图 2-4）。

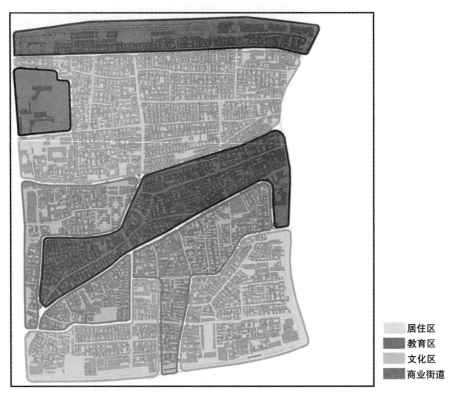

居住区
教育区
文化区
商业街道

图 2-4　现状功能分区图

（2）对每个地块的功能类型进行调查，统计各类型用地的总体数量和比例关系。以地块为单位，从更微观的角度了解土地利用现状。这种方法既可以明确街区的主导功能和其他功能，也能发现街区功能结构上的缺陷及目前缺乏的、希望通过规划增加或促进发展的功能类型。另一方面，这种方式可以更加科学化地明确各类型用地的数量和比例，使下一步对每块土地的更新改造工作更具可操作性。具体的分类方法应根据国家统一的城市用地分类标准进行，划分的类型越细致，越有助于加深对土地利用现状的认识（图 2-5）。

（3）对每个地块上的各个单体建筑的功能进行调查，更微观地反映每块土地的使用情况。这种方式可以与现状建筑调查相结合。

对用地功能的划分可以采用分区或分类的方式进行等级式的归纳，既能反映整体的功能比例，也可以明确功能体系之间的层次关系。

2）使用强度

使用强度表达了人们利用土地的程度，可以通过直观的已建造的建设量的大小来衡量，如建筑面积、建筑密度、容积率等（图 2-6）。同时，由于土地利用在深层次上体现的是人们在土地上进行的行为活动，因此一块土地上从事行为活动的人群的数量也反映了使用强度的大小。如在居住用地，人口密度从侧

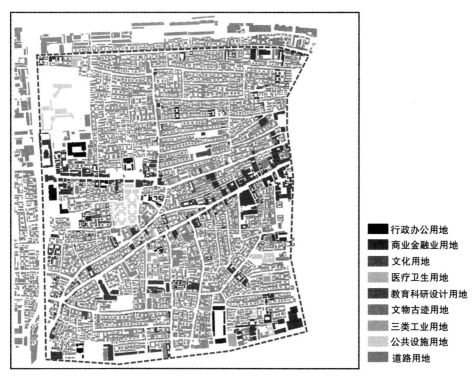

行政办公用地
商业金融业用地
文化用地
医疗卫生用地
教育科研设计用地
文物古迹用地
三类工业用地
公共设施用地
道路用地

图 2-5　现状用地性质分析图

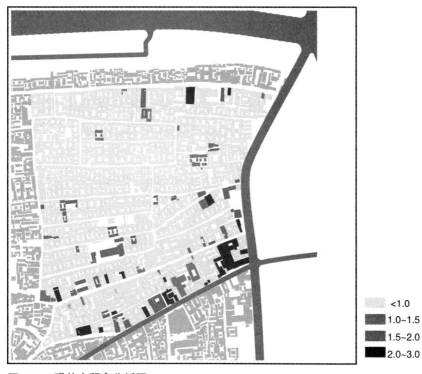

<1.0
1.0~1.5
1.5~2.0
2.0~3.0

图 2-6　现状容积率分析图
　　以地块为单位，通过容积率统计分析现状土地的使用强度。容积率越高的地块表明土地使用的
强度越大

面反映了利用土地的程度。

3）空间形态

空间形态包含的内容非常丰富，也是最直观、最容易识别的土地利用元素。历史街区传统空间形态的特色十分明显，是历史价值和艺术价值的体现，也是需要重点保护的内容。不能破坏传统的街区空间形态是保护更新规划最基本的原则和要求，因此对现状空间形态的调查和研究至关重要。空间形态既包括建筑高度、屋顶形态、色彩等独立的构成要素，也包括综合街道、开放空间等其他元素所形成的街区肌理、沿街界面、天际线等。

其中，建筑高度是体现城市空间形态的重要元素（图 2-7）。一般而言，历史街区整体的空间形态相对平缓，建筑高度明显突出的多为新建设的现代建筑，这些建筑给街区整体风貌带来明显的负面影响，可以在保护更新规划中综合其他因素考虑是否拆除。建筑高度的分类可以通过衡量整体高度进行，即通过建筑物的屋顶最大高度进行分类，也可以通过层数进行划分，如一层的传统四合院住宅、二层的近代住宅或商业建筑、三～四层的建筑和五层以上的现代建筑等。

2. 现状道路交通

道路交通体系是历史街区整体空间结构的骨架，也是人们体验历史风貌的工具。由于传统街道的空间尺度与现代交通工具的使用之间存在一定程度的矛

<3m

3～5m

5～10m

10～20m

图 2-7　现状建筑高度分析图

盾，为扩宽道路而拆除两侧建筑物的现象屡见不鲜。因此，对现状道路交通体系进行深入的调查，评价分析交通问题，针对性提出交通保护要素至关重要。对道路交通体系的调查包括居民与外来人群的出行特征和出行意愿、整体的车流量水平、街区与周边道路的连接方式和主要连接点的运行情况、街区内部的交通状况、行车流线、街巷肌理等内容（图 2-8、图 2-9）。具体的调研方法包括测量道路或街道的宽度、计算人流量或车流量等。

1）与周边城市道路的连接

城市道路交通是一个整体的、动态的体系，因此对现状道路交通的调查首先应考虑与周边城市道路的关系。包括周边道路的等级、人车流量、与街区主要道路的衔接点等。

2）现状街道

对街区内部道路交通情况的调查包括主要、次要的通行道路和一般性街道的位置、性质（如车行、人行或人车混行）、走向、长度、宽度，及相互作用形成的整体道路交通体系。需要注意的是历史街区的街道尺度普遍小于现代城市道路，因此对主次道路的划分不能简单以现代城市路网为参考，应根据街区的实际情况综合判定。此外，历史街区的街道与两侧建筑的高度和形态所组合而成的街道尺度和沿街界面也具有明显的标志性，也是现状调查的对象。

- ● 交通节点
- ■ 城市级道路
- ▨ 主要人行道路
- ▨ 人车混行道路

图 2-8　现状道路交通体系分析图

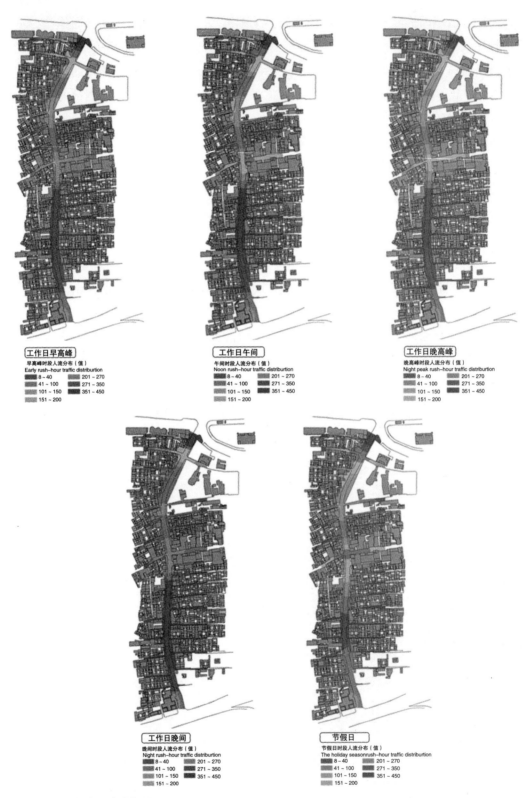

图 2-9　主要道路人流分析图

　　该方案通过分析不同时间段的人流量，判断不同道路在各时间段的使用率，以针对性进行设计调整

3）动态交通

城市道路为各种交通行为提供空间，由于交通行为是一个动态的体系，因此除需要对每条道路本身的情况进行调查外，还需要研究车行和人行的流向、流量、重要的交通节点等。

4）静态交通

静态交通主要指停车，包括机动车和非机动车的停车方式、主要的停放空间、停车数量及存在的问题。

5）街巷肌理

街巷肌理是不同尺度、走向、形态的街道形成的一种在视觉上的结构特征，既展示主要街道的走向和相互关系，也体现了传统的街巷格局。街巷肌理是街区历史价值的体现，也是需要保护的核心要素。街巷肌理的形成经历了漫长的历史过程，因此可以结合历史演变了解不同时期的肌理变化和现状（图 2-10）。

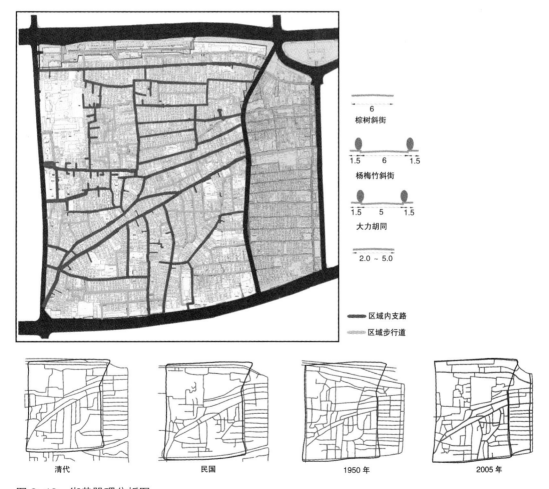

图 2-10　街巷肌理分析图

该方案将不同历史时期的街道凸显出来，研究街巷肌理的变化

3. 现状建筑状况

建筑是构成街区物质空间的核心元素，也是现状调查的重点。历史街区保存有大量的建筑物，但由于街区形成和发展的历史漫长，这些建筑物无论在建造年代、建筑风貌、功能、建筑高度等方面都存在明显的差异。另一方面，这些建筑存留至今，目前保存的程度和质量状况也并不相同。因此，需要对所有的建筑物进行调查，明确每栋建筑的历史价值和现状特征。调查可通过分类的方式进行，根据不同的考察要素对建筑进行归类，分析各类建筑的数量和分布情况，并为之后的建筑更新改造提供基础。

1）现状建筑质量

建筑质量是表达建筑物目前的结构完好程度和维护情况，根据结构完好程度、基本的配套设施等情况进行分类，一般可分为质量完好、质量一般和质量较差三类（图 2-11）。在之后的规划中，现状建筑质量是判定建筑被保护、修缮或拆除的参考因素。

2）现状建筑风貌

建筑风貌是指建筑在形态、样式等方面体现出的传统价值和历史特征。建

一类
（结构完好，设施配套）

二类
（结构基本完好，设施不全）

三类
（结构较差，无配备）

图 2-11 现状建筑质量评价图

该设计方案对每栋单体建筑的建筑质量进行评价，分为以下几类：一类指建筑结构完好，具有基本的市政配套设施；二类指主体结构基本完好，但配套设施不够齐全；三类指建筑维护欠佳，主体结构较差，缺少基本的市政配套设施

筑风貌是建筑调查和评价的重要内容，直接影响之后的保护更新措施。建筑风貌的分类需要结合我国目前建筑遗产保护的特点进行，可分为以下几类：（1）文物建筑，是指具有历史、艺术和科学价值，并达到文物保护级别的建筑，包括传统建筑和近代建筑。这类建筑是需要被严格保护的对象。（2）历史建筑，是指具有一定历史、艺术和科学价值，但尚未达到文物级别的建筑。这类建筑需要在保护更新规划中尽量加以保护。（3）一般的传统建筑，指同样具有传统风貌，但单体本身价值有限的建筑，多为大量的民居。这类建筑的保护更新措施需要结合整体风貌特征、建筑质量、建筑功能、道路系统改造等综合衡量。（4）现代建筑，指建设时间短暂的、无历史价值的建筑。这些建筑也可分为两种类型，一种在外部形态、高度、体量等方面能够与街区传统风貌相协调；另一种则是在建筑尺度、体量等方面对街区传统风貌产生一定破坏作用。这两种类型的现代建筑需要在保护更新规划中区别对待。其中，对传统风貌造成负面影响的建筑应在未来的更新改造过程中逐步进行拆除（图 2-12）。

　　3）现状建筑年代

　　建筑年代在很大程度上是建筑历史价值的体现，可以根据历史发展时期结

图 2-12　现状建筑风貌评价图
　　该设计方案对每栋单体建筑的建筑风貌进行评价，共分为五类：文物保护单位、具有历史文化价值的建筑、传统建筑、与传统风貌协调的现代建筑、与传统风貌不协调的现代建筑

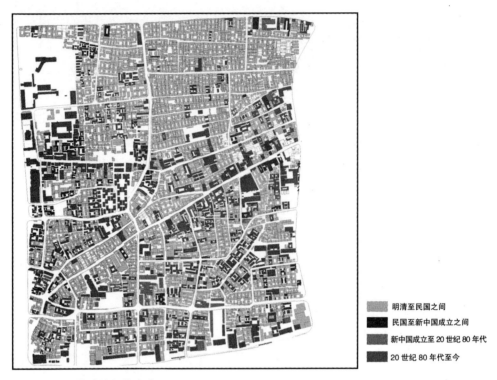

明清至民国之间

民国至新中国成立之间

新中国成立至20世纪80年代

20世纪80年代至今

图 2-13　现状建筑年代分类图

合建筑史的分期进行综合划分。如根据历史时期可分为明清至民国之间、民国期间至新中国成立之间、新中国成立至20世纪80年代（改革开放）、20世纪80年代至今（图2-13）。建筑年代配合建筑风貌和建筑质量评价，作为确定建筑保护更新措施的参考。

4）现状建筑功能

建筑功能与用地功能不同，是以单体建筑为调研对象（图2-14）。由于一块土地上可能存在功能的混合使用，因此建筑功能并不完全等同于用地功能。建筑功能同样可以通过等级式的分类方法，明确各类建筑的比例和之间的层级关系。

4. 现状开放空间

开放空间是指居民日常生活和公共使用的室外空间，包括街道、广场、绿地、公园等。历史街区的开放空间以街道空间为主，也存在一些具有一定尺度、规模的广场。这些空间既可能承担交通职能，也可能是人们进行公共活动的场所，同时也是街区形态和肌理的组成要素。同时，历史街区中还存活有一定年份的名木古树，这也需要在之后的规划设计中加以保护（图2-15）。

5. 社会经济调查

除对现状土地利用、道路交通、建筑物、开放空间等物质性要素进行调查

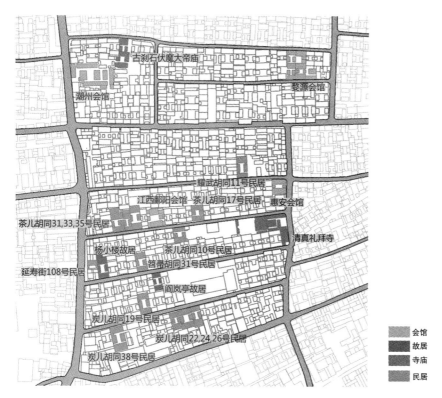

	会馆
	故居
	寺庙
	民居

图 2-14　历史建筑功能分类图

　　该设计方案重点对规划地段内历史建筑的现状功能进行分类，明确历史建筑目前是如何被使用的，这些功能在下一步的规划中可能被置换或延续

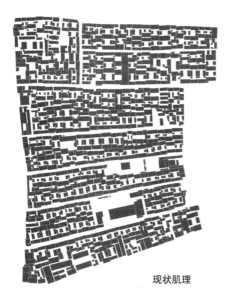

现状肌理

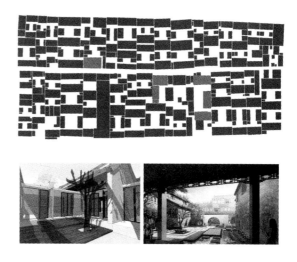

空间改造示意

图 2-15　现状开放空间与空间改造

　　该设计方案针对街区现状开放空间缺乏的现象，将建筑风貌较差、结构破损的四合院进行拆除或空间改造，构成新的开放空间体系

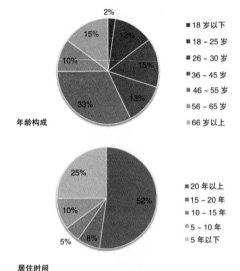

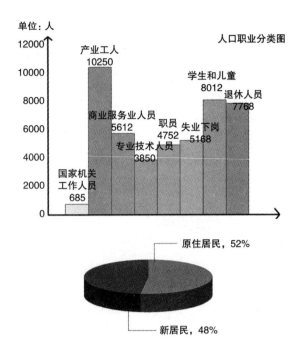

图 2-16　现状居住人口分析图
　　该设计方案通过柱状图和饼状图的方式分析人口构成

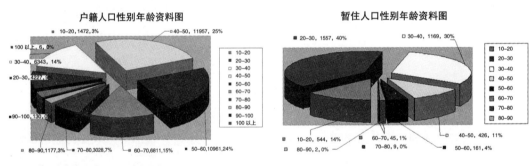

图 2-17　现状居住人口分析图
　　历史街区除了一直居住在此地的原住居民外，还包括一些新居民或外来人口。该设计方案通过分析新居民和原住居民的年龄构成、职业、收入等情况，对比挖掘居民的差异性特征，并在下一步的规划中思考如何满足居民的差异化需求

　　外，居住人口、传统文化、经济状况等非物质性要素也属于需要调查的内容。其中，由于历史街区多数以居住为主导功能，因此需要对居住人口的情况进行详细调查，包括年龄、教育程度、职业、收入等，以了解目前居民的构成情况，了解当地居民的生存状态、存在的问题和需求，这为下一步的物质空间规划提供社会基础。居住人口分析可通过问卷、访谈等方式进行，并通过图表表现出来。图表可充分利用饼状图或柱状图等形式，设计者可根据调研内容选择最直观、清晰的表达方式（图 2-16、图 2-17）。

历史街区通常包含有传统产业和商业，是曾经支撑居民生活的主要生产力。由于现代产业和商业活动的开展，传统行业往往受到很大程度的冲击，因此目前的产业类型和商业经营状况也是需要调查的重要内容。

传统文化是在历史街区长期发展演变的过程中形成的，包括宗教、民俗、生活习惯等内容。这些无形的历史元素存在于当地居民的日常生活中，并以建筑、开放空间等为物质载体。

2.3 分类评估

历史研究是评价历史街区价值的重要手段，而现状调查则是对现状进行全方面的了解和分析。总体而言，历史街区中包含的物质性要素是错综复杂的，每种要素的特质也并不相同，其中还包含有大量需要保护的内容。因此，在历史研究和现状调查的基础上，对这些类型繁多、特征不一的要素进行分类性的评估和整合是下一步进行保护更新规划的基础，也是必不可缺的过程。这种分类的重点是在复杂的建成环境中剥离出需要保护的内容、可以适当进行改造的内容、应该被拆除的内容和可以新建或新增加的内容。这一方面是由于历史街区本身是经历长时期历史变迁的结果，今后也将经历不断变化的过程，保护更新规划并非强调保持一成不变。但另一方面，不合适的改造和变化无疑会损害历史街区的历史价值和传统风貌，并且这种损害不可逆转。因此，通过对现状各种物质要素的分类最终提供改造的可能性、被改变的对象和改变的程度，留出可以或必须进行改变的空间范围和边界。

需要分类评估的内容既包括建筑、街道、开放空间、绿化等单独的物质要素，也包括综合各种要素而形成的区域性的区分❶。

区域划分是将历史街区从整体上区分改造更新的程度和范围，可分为重点保护区、历史风貌控制区、历史风貌协调区等类型（图 2-18）。其中，重点保护区是最能体现历史街区核心价值的地区，同时也是最需要严格保护、最低程度进行更新改造的地区。历史风貌控制区一般与重点保护区相邻，也是重点保护

---

❶ 分级、分类保护控制是我国历史街区物质空间保护更新规划的基本方法。但在具体的实践中，分级、分类方式并不完全统一。如北京旧城 25 片历史文化保护区保护规划将历史街区划分为重点保护区和建设控制区；将建筑分为"国家、市、区级文物保护单位"、"具有一定历史文化价值的传统建筑及近现代建筑"、"与传统风貌比较协调的一般传统建筑"、"与传统风貌比较协调的现代建筑"和"与传统风貌不协调的建筑"。在上海历史文化风貌区保护规划编制中，风貌区被整体划分为核心保护区和建设控制范围；建筑根据规划管理的要求分为"保护建筑"、"保留历史建筑"、"甲等一般历史建筑"、"乙等一般历史建筑"、"应当拆除建筑"、"其他建筑"。苏州平江历史文化街区保护规划将街区分为历史文化保护区、历史文化保护区建设控制地带、传统风貌区、一城二线三片保护范围。分类、分级方式既与历史街区的遗产特征相关，也带有规划者的主观意图。

历史风貌重点保护区
历史风貌控制区
历史风貌延续区
历史风貌协调区

图 2-18 区域分类评估图
　　该设计方案主要依据不同地区的历史价值和风貌特征对区域整体的保护更新程度进行区分。在规划地段中，大栅栏斜街和东琉璃厂是最能够体现历史价值和风貌特征的地区，因此被划分为重点保护区。重点保护区周边为风貌控制区。规划地段北侧和南侧沿街地区由于经过改造，历史风貌已经有所破坏，因此划分为风貌协调区，在不破坏规划地区整体的风貌特征和场地内现存的历史建筑外，可以进行一定规模的改造。其他地区划分为风貌延续区

区的背景，可进行小规模、渐进式的更新改造。包括逐步清理破损建筑和与传统风貌不协调的现代建筑、在有限的空间范围内引入与传统风貌相协调的新建筑等。历史风貌协调区是目前已经遭到一定程度上的破坏、历史价值也急剧降低的地区。这样的地区可以进行一定程度上的更大规模的改造，引入新的功能和建筑，同时对新建建筑的限制也有所放宽。区域性的评估和划分实质是对历史街区未来建设方式的控制，整体明确可进一步改造、更新的范围和程度。地区的划分受到多种因素的影响，包括现状建筑的价值与质量、文物建筑和历史建筑的分布情况、传统建筑的集中程度、地区风貌的完整性等。

　　对建筑单体的分类评估是将现状建筑区分出哪些是需要重点保护的，哪些是需要进行修缮的，哪些是可以适当改造的，哪些是必须被拆除的类型（图2-19）。建筑分类评估必须综合现状建筑质量、建筑风貌、建筑年代、建筑高度、建筑功能等进行综合衡量。一般而言，保护建筑是指已经被列入国家和地方各类保护建筑名单的历史建筑，这类文物保护单位或优秀历史建筑需要按照我国《文

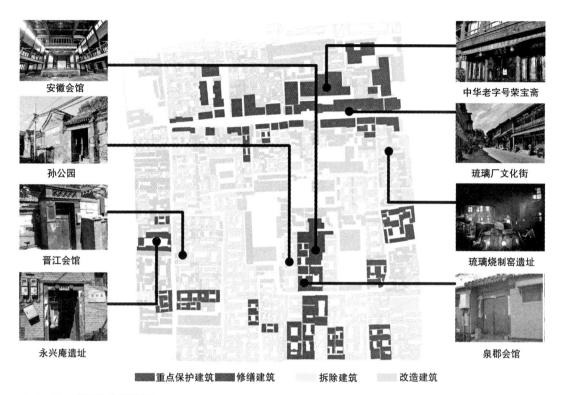

安徽会馆

孙公园

晋江会馆

永兴庵遗址

中华老字号荣宝斋

琉璃厂文化街

琉璃烧制窑遗址

泉郡会馆

■重点保护建筑 ■修缮建筑 □拆除建筑 ■改造建筑

图 2-19 建筑分类评估图
　　该设计方案对建筑提出更新改造措施，其中修缮指保持建筑原样，对个别构件加以更换和修缮。改造主要针对一般性的历史建筑，保持原有建筑整体结构不动，局部进行改造，重点是根据功能对建筑内部加以调整，配置生活设施，改善居住条件。拆除主要针对传统风貌冲突较大的建筑或建筑质量极差的建筑。拆除后的场地可重新建造建筑或作为开放空间使用

物保护法》及相关地方保护法律法规进行保护和管理，不得拆除。除受法律保护的历史建筑外，历史街区还包含大量具有历史价值和艺术价值的建筑物或构筑物，这些建筑尚未被列入国家和地方各类保护建筑名单，却是构成整体历史风貌的根基，也是街区整体价值的体现。因此，这些历史建筑也应属于需要保留的建筑。保留的历史建筑可以根据现状质量、风貌保护情况确定维持原状、修缮还是改造。应该被拆除的建筑是指破坏传统风貌的各种建筑物和构筑物，包括违章建筑和临时性建筑。对这些建筑的拆除可采用循序渐进的方式，在不影响街区功能运转的前提下逐步拆除。此外，历史街区还存在大量历史价值一般的传统建筑，有些传统建筑质量很差，可以考虑在控制比例的情况逐步拆除。有些传统建筑可以归纳为修缮或改造的范围内进行积极再利用。特别需要注意的是，建筑质量并非评价建筑历史价值和艺术价值的标准。因此，质量较差的建筑并非一定要加以拆除，建筑风貌是最重要的考虑要素，可以最直接影响建筑之后的保护更新措施。特别是一些一般的历史建筑和传统建筑，它们的保护更新措施应结合地区整体的风貌特征进行综合判断。

对街道的分类评估主要为未来道路体系的改造提供依据。由于历史街区普遍存在道路通行能力欠佳的问题，因此需要在保护更新规划中提出道路体系的改造更新方案，这同样需要明确必须保留的街道，可以适当拓宽的街道、适当调整走向或线型的街道等。街道分类评估要考虑现状街道的性质和功能、整体的街道肌理和路网格局，同时还要结合街道两侧建筑的分类评估结果。

2.4 问题剖析提出策略

历史研究和现状调查之后的另一项重要内容是明确目前历史街区存在并急需解决的问题。在以问题为导向的规划设计中，问题的提出是规划设计的前提，问题的解决也是规划的目标。一般而言，物质性老化和功能性衰退是历史街区普遍存在的问题。因此，需要通过调查归纳出衰退的原因，探讨可能的解决方式，在保证历史遗产不被损害的前提下提出保护更新策略，寻找重新焕发历史街区活力、复兴历史街区的方法和手段。这一过程是保护更新规划的关键点，也是最能体现规划师设计思路和逻辑构思的内容（图 2-20 ～ 图 2-22）。保护更新策略的提出可以从两个方面加以考量：一是从改善物质环境着手，通过修缮建筑、改善外部空间质量提升历史街区的吸引力；二是从社会经济层面着手，通过引入新的功能和社会经济活动为地区带来新的发展契机。

物质环境的改善和振兴主要针对历史街区建筑质量下降、基础设施陈旧、居住环境恶劣、传统建筑布局不能适应当今的功能需求和使用标准等问题，以街区建筑为切入点，通过对部分建筑的修缮、更新和改造，改善街区的总体形象，恢复街区的传统风貌，提升街区的环境品质。其中，改善住宅建筑和居住空间是核心。居住是城市的基本功能，居民的日常生活也对街区活力起到决定性的作用。通对住宅建筑和环境的修整可以提高居民的生活水平、增加街区的吸引力、恢复并发展居住功能。以开放空间或公共空间为切入点，包括改善现有开放空间、增加新的公共空间节点也是改善物质环境的主要手段。良好的开放空间容易增加历史街区的吸引力，使人们愿意在街区逗留或活动，进而带动各项社会经济活动的发展。开放空间的改善也可带动周围环境的更新和繁荣，街区品质的提升能够带动居民的自我更新，增强对参与物质环境整治的信心和热情。

社会经济层面的振兴是历史街区保护更新的根本目标，也是历史街区能够长期保持生命力的基础。首先，需要适宜的产业模式来带动和引导街区复兴，如振兴传统商业、吸引旅游产业、发展文化创意产业等。其中，历史街区本身可能具有传统商业功能，只是由于时间推移和现代商业功能的发展而呈现一定程度的衰退。因此，需要通过功能更新或重组来推动地区发展。以旅游产业推动街区发展需要将历史街区的历史资源和文化资源加以整合，并配合商业服务业功能的引入。文化创意产业也是目前历史街区极力发展的产业类型，在历史街区发展文化创意产业是借助街区本身良好的历史传统和文化传统，吸引艺术家、创业者在此从事生产和生活的活动。其次，社会经济层面的振兴还需要关注街区中的人和社会活动，保护本地居民和社会结构的稳定性，同时容纳多元的社会群体。

改造模式探讨

廊：是指屋檐下的过道、房屋内的通道或独立有顶的通道。包括回廊和游廊等，具有遮阳、防雨、小憩等功能。廊是建筑的组成部分，也是构成建筑外观特点和划分空间格局的重要手段。大栅栏地区由于历史的变迁所形成的肌理，与"廊"的形式十分相近，提取若干词语，用以表达我们的灵感来源于规划结构。

"廊"词汇的空间含义
回廊：本指在建筑物厅堂内设置的回形走廊、散步处。
游廊：指附在建筑外部盖有顶的敞廊或门廊，作室外休息用。
檐廊：是房屋前面以屋檐延伸为顶的走廊，房屋更具有层次，建筑空间丰富。

"廊"空间结构的保护
大栅栏地区肌理丰富，具有历史价值，通过改造"廊"空间的各个要素，将其组合，来控制该地区的整体空间结构，在原有的完好肌理上，创造出更具活力的居住形式。

回廊 + 指通过商业街巷串联住区内各个片区组团。

游廊 + 慢行系统是住区内的主要通道，减少车行对住区影响。

檐廊 + 选取主要活力点作为公共绿地及开放空间。

廊房 = 改造传统四合院，保留其围合形式，创造富有活力的居住形式。

改造策略分析

回廊：延续历史肌理

原始肌理要素
场地内道路与建筑肌理明确，从横交通，但沟通不畅，街巷使用混乱，停车无规律。住户为了扩大居住面积，增建建筑常出现侵路情况，这对于肌理的保护，传统建筑的维护产生一定影响。

空间开放度比较

街巷肌理
保留部分街道肌理，作为人车混行主要道路，改造部分街道，作为商业街巷串联组团，增加服务各个居住组团。通过街巷肌理的延续，增强街道识别性，提升地块儿活力。

梳理场地肌理

游廊 檐廊：增加活动节点，设置慢行系统

原始活力点
基地内存在多处活力点；多处交保单位和重点保护古建筑，提取基地内活力点，设置开放空间，对活力点产生辐射。

空间共享 公众参与
三处主要开放空间设置在道路节点，成为共享空间，可对周围一定范围内产生辐射，保留的樱桃斜街、观音寺斜街与其他保留街巷的交叉路口是次级开放空间。居住组团内，分别在步行道入口设置开放广场及绿地，增强了居住地区的识别性。

图 2-20　该设计方案根据对规划地区的总体分析，提出"廊"的规划理念，在尊重原有地区肌理的基础上，通过室外走廊、散步空间等串联多个历史节点和城市开放空间。保护原有的空间结构，创造丰富的居住空间

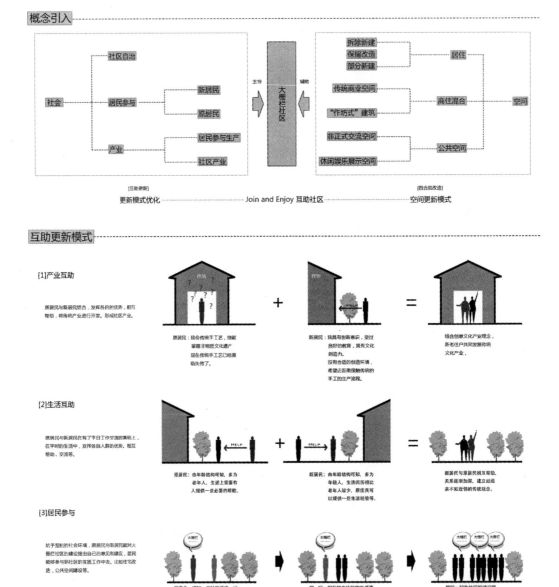

图 2-21　该设计方案对规划地段的居住环境进行分析,归纳在社会环境(如邻里交流、日常生活、就业等)和物质环境(如建筑质量、开敞空间等)方面存在的问题。把新居民和原居民作为区域改造的切入点,提出互助社区的发展模式。即根据新居民与原居民的不同特点,引导新居民与原居民从内部自发对街区进行改造,通过相互之间的帮助,达到历史街区自主更新的目的。具体更新模式包括产业互助、生活互助、居民参与等方面

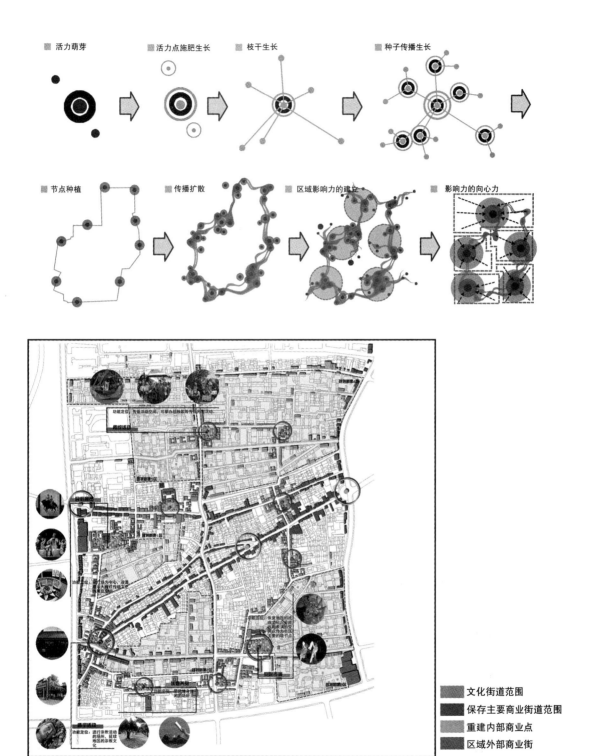

图 2-22 该设计方案在现状调研的基础上，提出规划地区在传统风貌、道路体系、公共空间、传统文化认知等方面存在的问题。提出规划活力点的方案构思，结合原有的公共空间和历史节点，增加新的体现并展示传统文化的激活点，以此带动并激发周边地区的活力

2.5 界定保护要素

在确定整体的保护更新策略之后，需要进行全面的物质空间规划。针对历史街区的物质空间规划必须在明确可改变或可替换的空间范围内进行，因此需要在现状分类评估的基础上，结合保护更新策略，界定需要被保护的要素和可以引入的新要素。这里需要注意的是，现状分类评估只是基于对现状调查的客观情况进行分类；而此处对保护要素和可改造更新的空间界定则需要结合规划意图进行综合衡量。在保护和更新之间可能会出现矛盾和冲突，如改造道路体系时，某些道路的拓宽和改线可能会涉及拆除部分历史建筑。如何平衡和协调两者之间的关系，需要从城市规划所代表的更深层次的公共利益的角度加以思考。

确定被保护的内容是规划设计的首要工作，也是保证历史街区的历史价值和艺术价值不被损害的前提，其包括物质要素和非物质要素两个层面的内容。

2.5.1 需要保护的物质要素

需要保护的物质要素既包括文物、有价值的历史建筑和传统建筑，也包括街区风貌、街巷格局、空间界面等内容（图 2-23~图 2-26）。作为一种群体遗产，特别需要注意的是保护要素的界定不能单纯以单体建筑本身的价值进行衡量，更需要从整体的视角加以审视。历史街区是作为一种群体价值体现出来的，对整体的历史环境进行保护是城市规划更应侧重关心的内容。整体的历史环境保护需要在对地区历史价值进行分类评估的基础上，明确整体的保护更新策略和开发强度。可以根据现状历史建筑的密集程度、传统街区的完整性、现状建筑质量和规划用地性质及道路交通组织，将街区进行区域性的划分，特别划分出需要重点保护的地区。这样的地区需要以保护为主，只能适当进行小规模更新改造。

在对建筑的保护中，被列为文物保护单位的建筑必然是需要重点保护的对象，但大量的历史建筑和传统建筑都是构成历史街区整体风貌的主体，其建筑单体的价值判定虽然没有文物保护单位那样高，但众多建筑聚集形成的群体空间形态是历史街区历史价值和艺术价值的组成部分，因此也是被保护的对象。特别对于一般的传统建筑，其数量在历史街区占据比例较大，并非是可有可无的对象，需要在规划中结合整体的风貌特征、保护更新策略等进行综合判断。在实际设计中，确定一栋建筑是否需要被保护主要通过以下方式：查阅相关文件明确该建筑是否为文物保护单位；通过历史研究挖掘该建筑是否

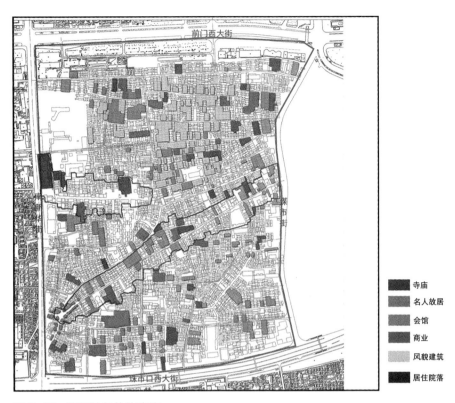

寺庙

名人故居

会馆

商业

风貌建筑

居住院落

图 2-23　需要被保护的建筑

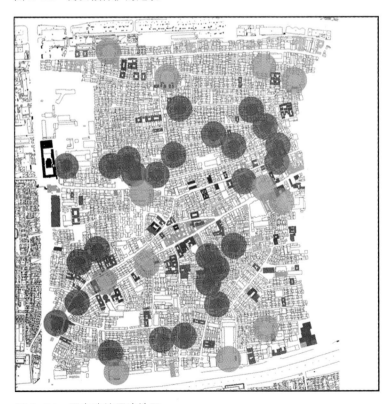

图 2-24　历史建筑周边地区

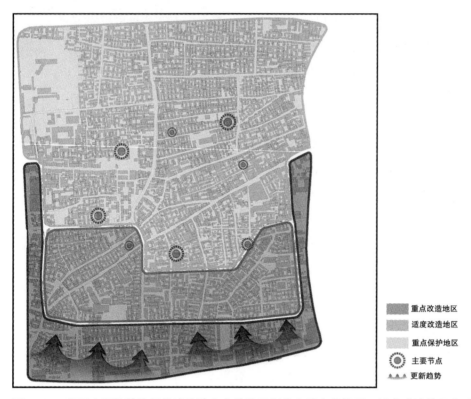

图 2-25　街区空间的整体保护该设计方案将地区划分为重点保护区、适度改造地区和重点改造地区。
重点保护地区以保护为主，重点改造地区则可以适当增加更新的力度

原始肌理图

规划肌理图

图 2-26　空间肌理保护
空间肌理是体现历史街区传统风貌和历史价值的重要内容，将规划后的空间肌理与原始空间肌理进行对
比，可以看出该设计方案保护了整体街道走向、建筑空间形态，同时也对建筑进行了适度的更新和梳理

具备历史价值，其中历史价值既可以从建筑形态方面进行考量，也可以研究建筑功能或使用上的相关性；通过实地调研明确建筑目前的保存情况。被保护的建筑可能是建筑单体、建筑局部或者带有外部空间，在设计时需要明确标明具体的空间范围。

历史建筑的周边地区是作为历史建筑的背景而存在的，对周边环境的破坏将对历史建筑本身的风貌特征产生影响，因此也是需要保护的对象。历史建筑周边地区往往以历史建筑为圆心，以一定的半径画圈标明影响历史建筑的空间范围。历史建筑周边地区内的大规模更新改造应加以限制，同时新建建筑的体量和形态也要与历史建筑相协调。

历史街区的道路体系和街巷格局是整体历史风貌的骨架，也是需要保护的重要元素。对街道的保护比较复杂，不仅包括保护街道本身的宽度、线型，还包括保护街道两侧的建筑界面、街巷尺度、整体的街巷格局。

开放空间的形态特征是维持历史街区认同感和归属感的重要手段，也是需要保持和维护的对象，包括开放空间的类型和尺度、重要节点空间的位置、具有代表性的构筑物和标志物等。

2.5.2　需要保护的非物质要素

非物质要素是在历史街区长期从事某些社会经济活动而逐渐形成的具有地区特色的文化传统、生活方式和生产类型。它需要借助建筑、街道、开放空间为物质载体，并主要依赖人的存在得以延续。历史街区常见的社会经济活动是居住、传统商业、传统手工业，还包括宗教、娱乐等其他活动，并产生丰富的民俗文化、宗教文化、商业文化等。现代生产和生活方式的改变、物质载体的老化和消失、街区外部的竞争压力等使这些非物质要素受到明显的冲击并衰落，因此需要采用合适的手段保护并加以延续，包括延续其活动内容、延续其意义或延续其形式（图 2-27）。

2.6　新要素的引入

在历史街区保护更新规划中，为了解决地区存在的现实问题，促进街区可持续发展，新要素的引入是必不可少的过程。引入新要素既可以改善历史街区的整体环境质量，也可以给街区的社会经济生活带来新的活力。新引入的要素同样包括物质性要素和非物质性要素两个层面。

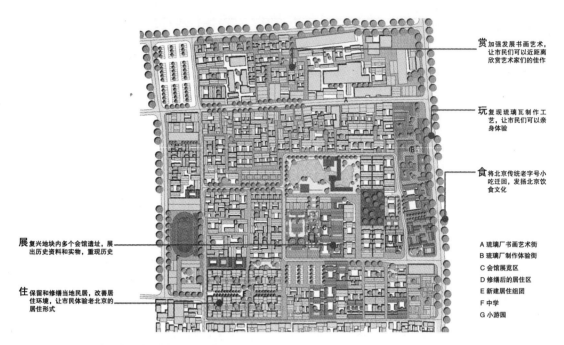

赏 加强发展书画艺术，让市民们可以近距离欣赏艺术家们的佳作

玩 复现琉璃瓦制作工艺，让市民们可以亲身体验

食 将北京传统老字号小吃迁回，发扬北京饮食文化

展 复兴地块内多个会馆遗址，展出历史资料和实物，重现历史

住 保留和修缮当地民居，改善居住环境，让市民体验老北京的居住形式

A 琉璃厂书画艺术街
B 琉璃厂制作体验街
C 会馆展览区
D 修缮后的居住区
E 新建居住组团
F 中学
G 小游园

图 2-27　对传统功能和传统文化的保护

　　该设计方案在保留琉璃厂文化商业街的基础上，结合该地区的历史文化特点，新建展示琉璃制作工艺和艺术品的体验街。针对该地区历史上出现众多的会馆建筑，进一步挖掘和提炼会馆文化，修缮和恢复原有的会馆遗址，将其作为展示会馆文化的空间

2.6.1　物质要素的引入

　　新物质要素的引入包括新建筑、增加新的道路、开辟新的开放空间等，这些内容都必须在合适的空间范围内进行（图 2-28~图 2-30）。新建筑是在被拆除的场地上进行建造的，既可容纳原始功能，也能承载新功能的引入。新建筑的建设数量和强度与前期街区整体保护更新程度的划分有关，重点保护区内新建筑的建设数量最小，主要以见缝插针的方式介入现有的历史环境；而在风貌协调区，新建建筑的数量和尺度都有所增加。新建筑的引入还要遵循以下原则：建筑是功能的载体，新建筑的形态要能满足功能需求；在保护各种物质性要素的基础上，结合规划构思适当加入新建筑；新建建筑的尺度和规模要与整个街区的传统风貌保持一致。

　　道路的新增主要考虑历史街区整体交通体系的功能性运转。由于历史街区的街道宽度有限、线型曲折，较难适应现代机动车通行方式的需求，因此需要在保护传统街巷肌理的前提下，功能性地引入一些新道路。在具体的设计中，可以在保护原有街道肌理的基础上，结合规划构思及整体道路体系的功能性要求，拓宽或打通部分胡同，增加新的区域主干道。同时，道路体系要结合步行

新建建筑

原建筑

图 2-28　新建筑的建设

　　在该设计方案中，新建建筑仍然采用传统的四合院形式，但由于功能多为公共性建筑，因此建筑尺度比传统居住建筑有所增加

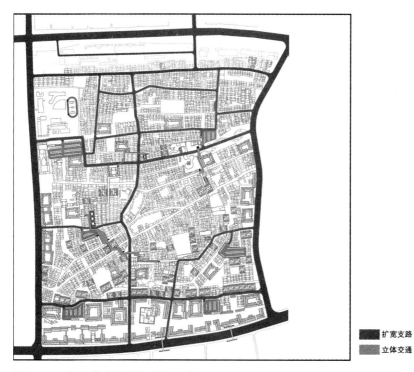

扩宽支路

立体交通

图 2-29　街区整体路网体系的改造

　　该设计方案保留了原有的路网，增加区域性道路和立体交通，建立环形的道路系统

系统和开放空间体系的规划。

开放空间主要在被拆除的场地上进行，新的开放空间的建设不仅用于满足居民日常生活的需求，也是为街区带来活力的一种方式。

2.6.2　非物质要素的引入

新建筑、道路、开放空间的建设只是物质载体，针对原有历史街区功能性衰退的现象，新社会经济活动的引入更有助于为历史街区带来新的发展契机。新社会活动的开展可以借助对现有建筑的改造来进行，如对部分历史建筑或传统建筑保护原有的建筑实体和外部形态，内部进行功能置换或部分空间的重新划分；也可以通过新建建筑来实现（图2-31、图2-32）。

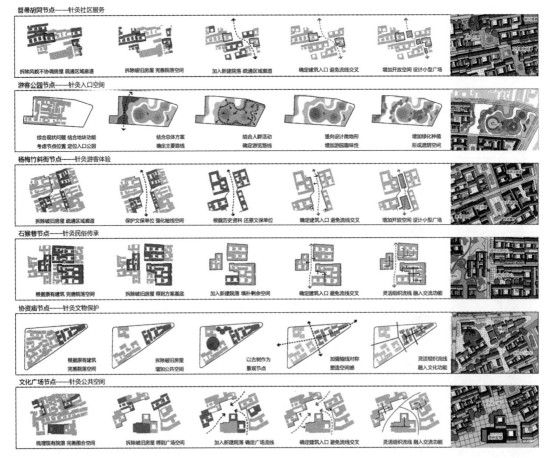

图2-30 增加新的功能性节点

该设计方案通过增加节点的方式弥补地区功能、恢复地区活力，包括拆除风貌不协调和破旧的建筑，建立开放空间和小型广场；增加街头绿地和小游园等

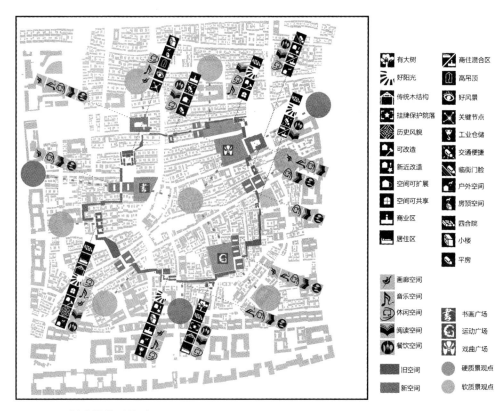

图 2-31　新功能类型的引入

　　该设计方案在传统相对单一的居住功能的基础上，引入多种类型的书画、阅读、休闲、戏曲等功能。新功能的引入以建筑、开放空间、街道胡同为载体，充分利用原有的四合院空间进行改造

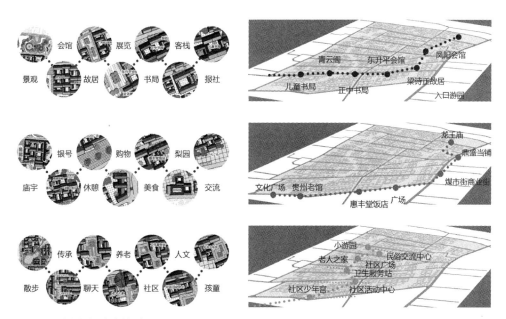

图 2-32　新城市活动的引入

　　该设计方案针对不同人群引入不同的城市活动，一方面针对游人引入展示和体现地区传统文化的文化旅游路线，增加地区的文化旅游功能；另一方面针对本地居民增加社区文化设施，满足居民基本的生活需求

2.7　物质空间规划

　　最终，经过历史研究和现状调查、现状分类评估、分析问题提出规划策略、确定保护要素等一系列过程，规划构思和保护更新方法均需要体现和落实在物质空间规划上。物质空间规划经过一个严谨的生成过程和逻辑途径，以图纸的方式表现出来。同时，物质空间规划并非是一个描述未来景象的静态图景，而是连续性的、经过各种要素的改变或引入所形成的规划演变过程（图2-33~图2-35）。

　　与城市新区开发不同，物质空间规划的实施并非能够一蹴而就，需要逐渐的、渐进式的、小规模的更新改造。因此，规划应对更新改造的时序提出建议。

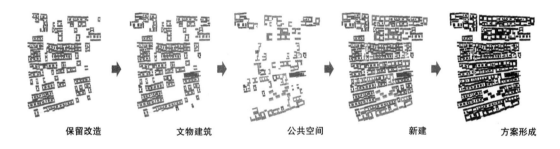

保留改造　　　　　文物建筑　　　　　公共空间　　　　　新建　　　　　方案形成

图2-33　方案生成过程和总平面设计
　　该设计方案首先明确保留的传统四合院和街巷胡同，在建筑评估结合规划构思的基础上明确需要更新改造的空间。在此基础上，增加公共空间、新的公共建筑和住宅，最终形成规划总平面

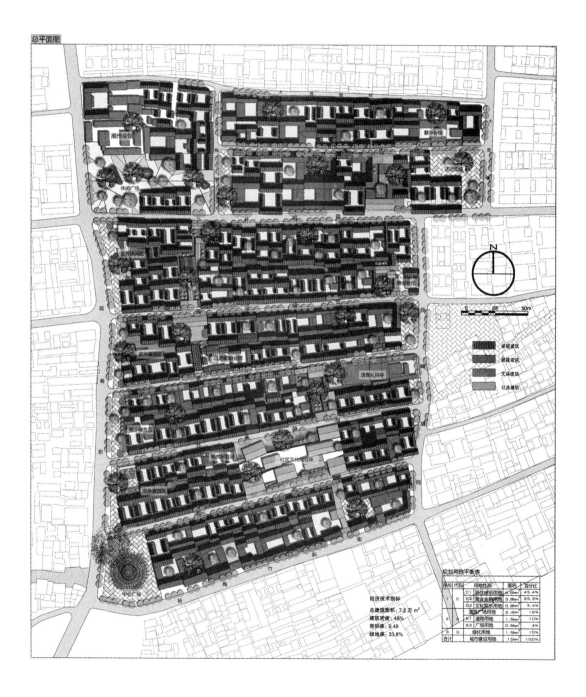

总平面图

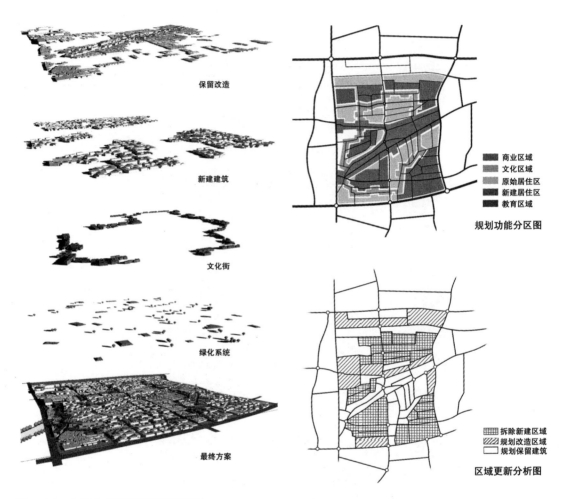

保留改造

新建建筑

文化街

绿化系统

最终方案

规划功能分区图

■ 商业区域
■ 文化区域
■ 原始居住区
■ 新建居住区
■ 教育区域

区域更新分析图

▦ 拆除新建区域
▨ 规划改造区域
▢ 规划保留建筑

图 2-34 方案生成过程和总平面设计

该设计方案首先确定保留类和改造类的建筑，以此为底，再根据规划功能增加新建建筑，同时结合规划构思引入串联整个地区的文化街道，最后配合绿地景观系统的设计，形成最终的规划方案

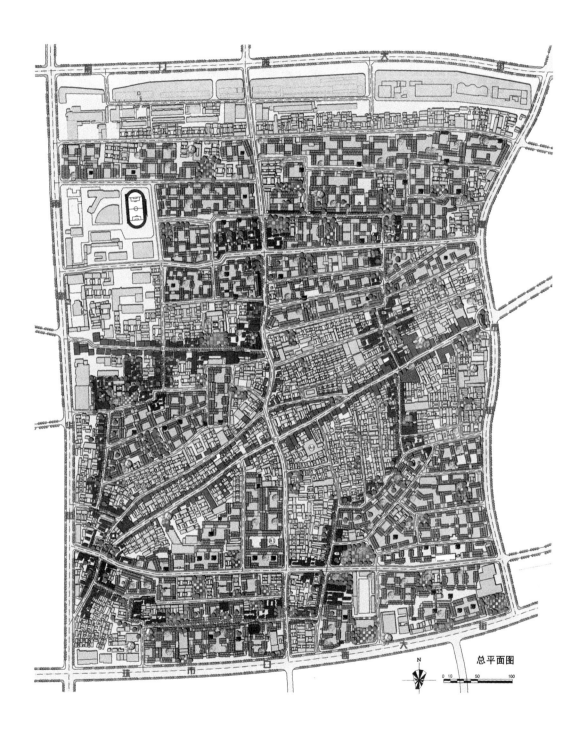

总平面图

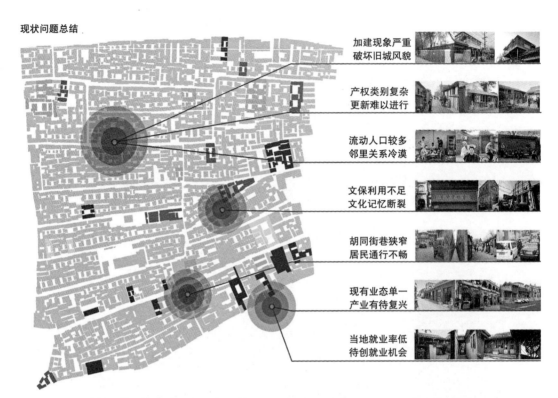

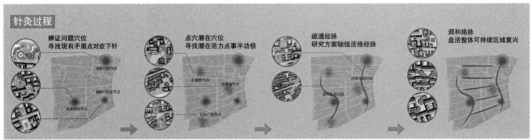

图 2-35 方案生成过程和总平面设计

该设计方案在现状分析的基础上,以都市针灸学为视角,运用小尺度介入的方法提出改造更新策略。包括通过多元活动路线提升地区活力;疏通道路和院落空间;设置社区服务、游客体验、民俗传承、文物保护等节点,整体联动地区发展

第 3 章 ｜规划要素与内容

城市规划是对规划范围内的土地利用、空间布局、道路交通、绿地景观等各项内容的综合部署和安排，保护更新规划同样需要完成这些规划内容。具体落实到历史街区上，保护更新规划的内容、技术方法和手段均有自身的特点。首先，保护更新规划包含的内容众多，可分为不同的层次进行。宏观层面需要从整体对历史街区进行价值判断，包括确定保护更新策略、明确历史街区整体的功能定位、进行总体规划结构的布局等。中观层面需要确定具体的功能分区、道路交通体系、绿化景观体系、开放空间体系等。微观层面需要提出更明确的保护更新措施，包括对建筑的保护、修缮、改造措施，新建筑和建筑群的设计和规划，针对开放空间的环境整治方案等。其次，历史街区的物质形态是在特定的时代背景和技术条件下形成的，总体呈现出街道尺度有限、居住密度高、建筑间距较小的特点，并不一定能够满足现代城市规范的要求。因此，在规划设计时，出于对传统空间形态和风貌特征的保护，可以针对性地提出变通或改良。

3.1 功能

规划用地功能需要在现状调查的基础上进行，包括：（1）对各种功能类型的研究，从整体对历史街区进行功能性分区，明确各种功能主要的区位和空间关系。（2）确定每块城市用地的功能。街区功能规划控制的主要目标是维持人口的聚集、改善地区的社会活力；延续街区的物质环境，使之继续为现代社会所使用（图 3-1~ 图 3-5）。因此，在历史街区保护更新规划中，功能实际上包含两个层面的内容，一是延续街区的传统功能；二是通过功能置换引入新功能。

3.1.1 延续传统功能

首先，历史街区的保护需要尊重真实性的原则，因此尽可能地延续并强化街区原有的功能至关重要。目前现存的很多历史街区都是以居住功能为主，其承载了居民日常生活的各个方面，也是地方文化、民风民俗得以形成的渊源。如果这些功能全部被替换和取代，即使保留历史街区原有的物质空间形态和风貌，也降低了历史街区的价值。因为物质环境只是城市活动的载体，当城市活动本身发生变化时，原有的意义也变得不同。需要延续甚至强化的功能包括能够体现历史街区社会经济活动的特点、目前仍被大量使用或极具历史意义而需要特别保护的功能。

图 3-1　规划功能分区

　　规划地段原以居住建筑为主，一方面功能单一，难以满足居民日常生活的需求；另一方面，为恢复地区活力，需要挖掘或强化某些新的功能类型。该设计方案在保留大量居住用地的基础上，强化并连续商业用地的空间范围，增加文化设施用地和公共绿地

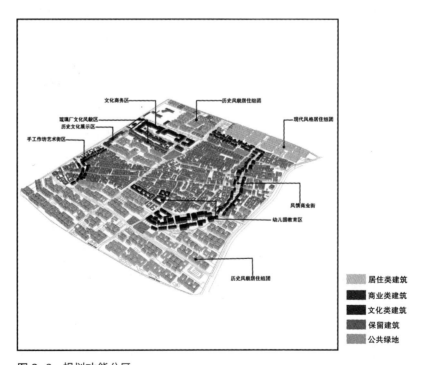

图 3-2　规划功能分区

　　该设计方案在保留核心保护区的居住用地的基础上，增加特色商业功能和文化类建筑。其中，商业功能与地区原有的商业建筑相结合形成商业街，文化类建筑以点状分布于整个地区中

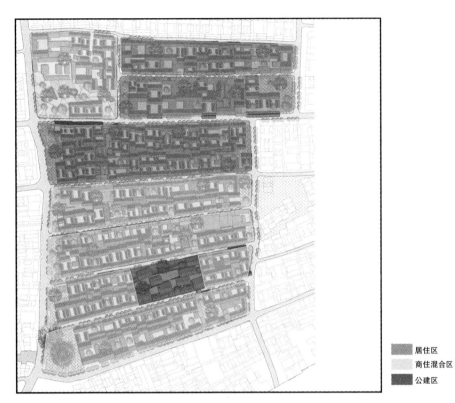

图 3-3　规划功能分区

　　该设计方案在总体保留原有居住功能的基础上，引入小型商业和产业功能，并与居住相联系，形成商住混合区

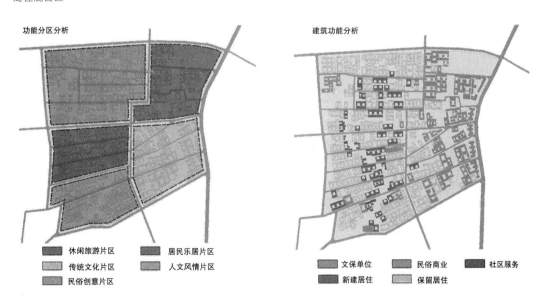

图 3-4　规划功能分区和建筑功能分析图

　　该设计方案以结合历史功能、复兴"居民乐活，游客乐游"的大栅栏地区为目标。规划功能分区包括：休闲旅游片区——开放程度最高，设置旅游服务设施，开放文保单位，带动区域旅游业发展；传统文化片区——设置相应的文化体验馆、售卖传统文化商品；人文风情片区——使游人体验大栅栏的居住生活，为当地居民提供社区活动空间；居民乐居片区——以居住功能为主，增加社区设施和公共绿地

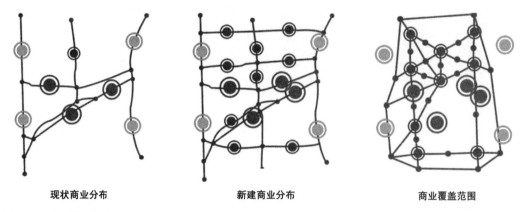

现状商业分布　　　　　　　　新建商业分布　　　　　　　　商业覆盖范围

图 3-5　商业体系规划图

　　除居住功能外，商业功能是该地区另一主要功能之一，是地区历史传统的组成部分，也是该地区的核心资源。针对规划地区现代商业功能缺乏，数量和类型难以满足居民的生活需求的问题，该设计方案在规划中增加了商业功能的规模，并对商业体系包括商业级别、具体分类、服务范围进行研究

3.1.2　功能置换

　　其次，适当的功能改变和置换也是历史街区更新改造的必然结果。功能置换是指历史街区内部功能的转换和更新，是对街区某些功能进行调整并引入新的功能。功能置换的目的是希望引入新的社会经济活动，借助于新的社会经济活动的注入阻止历史街区衰退的倾向，为街区带来新的发展契机。功能置换的核心是将历史文化空间作为容纳现代城市功能的容器，在继续使用历史街区的过程中维持人类活动和物质空间的关系，是历史街区保护真实性的真谛所在。目前，历史街区采取的功能置换形式通常有两种：一种是全部替换型，即全新的功能完全取代原有功能。这种方式只能保证街区原有的物质空间实体，而其中进行的社会经济活动会发生彻底的改变。另一种是部分替换型，即不完全取代原有功能，在保留一部分功能的基础上引入新功能。这种方式更加有助于保护历史街区的历史价值。

　　历史街区的功能置换需要考虑以下几个方面：（1）综合考虑历史街区整体的功能定位，将历史街区的新功能融入城市整体的功能运转体系中，同时考虑历史街区的功能与周围用地功能的关系。（2）充分认识历史街区自身的历史资产和资源，明确历史街区应重点保留和延续哪些功能。同时，考虑与历史街区原功能的连续性和关联性。在尽量保持原始社会生活的基础上，控制功能的变更程度和比例。如果原历史街区主要功能是居住的话，还特别需要考虑新功能与居住活动之间的协调和空间关系。靠近居住活动的地区，新功能要有助于居住质量的提高，而不应对原始的居住生活造成干扰和损害。（3）引入恰当的功能类型。不合适地引入某些社会经济活动不但会破坏历史街区的价值，也会对历史街区原本的生活状态带来严重的干扰。一般而言，需要引入的新功能是目前缺乏且造成历史街区整体生活质量下降的功能、能够在引导街区发展方面起到激活或催化剂作用的功能。同时，对引入功能的类型和规模，需要考虑使用方式、对物质空间环境的要求、与其他功能的联系、对周围环境带来的影响等因素。从目前历史街区改造更新的情况看，易被引入的新功能主要是文化、商业、旅游等内容，其中文化功能是以展示、表演等方式向公众展示各种类型的传统文化；旅游主要是以现有的历史建筑和历史环境为资源，吸引游人欣赏和参观；商业主要包括辅助的住宿、餐饮、购物等消费活动。（4）功能置换不等于改变物质结构本身。如作为功能置换的载体，建筑可分为新建建筑和利用原有建筑两种类型。新功能可以延续使用历史街区原有的物质载体，进行建筑改造或再利用。在保持原历史建筑外部形态和风貌不发生明显改变的前提下，改造内部空间环境。

3.2　交通

　　交通是历史街区存在的比较明显的现实问题，这是现代通行方式的转变对历史街区传统街道带来的不可避免的影响。大多数历史街区的道路体系和街道空间是在现代机动车出现之前形成的，它的空间组织和结构特征适用于步行行为而非机动车交通。现代社会对机动车的依赖和机动车数量的增长对历史街区传统的交通模式带来很大的影响，交通问题也成为降低街区活力的主要原因。目前，历史街区主要的交通问题有：街道宽度有限，路网体系狭窄，饱和的路网容量难以满足交通增长的需求，包括居民的交通需求和功能置换需要的交通支撑；道路通行能力低，通行环境一般，交通秩序比较紊乱，人车混杂现象突出；停车设施缺乏，各种车辆无序停放的现象普遍。这些交通问题不仅影响历史街区内部社会经济活动的开展，也往往成为区域路网的瓶颈，造成了周围城市道路的拥挤。

　　改善道路通行环境、提高交通体系的服务水平是历史街区发展和振兴的基础。一方面，机动车是现代城市交通体系不可缺少的组成部分，必须在历史街区中得到适宜的解决。另一方面，简单采用一般城市道路交通的规划方式开辟或扩宽传统街道不仅需要拆除街道两侧的传统建筑，也会破坏街区整体空间风貌和街巷尺度。因此，历史街区的道路交通规划需要价值判断和取舍，综合衡量保护历史风貌和改善区域交通条件、便利居民出行之间的关系。

　　道路交通规划的内容包括分析街区交通与区域交通的关联，分析交通需求

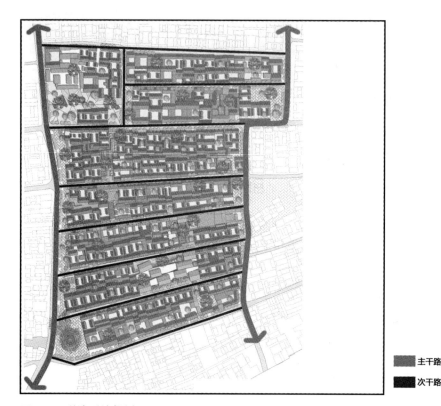

主干路
次干路

图 3-6 道路系统规划

该设计方案在道路系统规划上保留并利用全部原有的街巷胡同，在保护传统空间肌理的前提下对部分胡同进行加宽

包括居民的交通需求和新功能植入后引起的交通需求，探讨整体的交通模式，进行路网结构的布局，提出公共交通、机动车、人机动车、行人等交通组织方式，重点路段和交叉口的规划设计等（图 3-6~图 3-8）。具体规划时可注意以下几个方面：

（1）在历史街区整体价值判断的基础上，针对不同地段差异性建立交通模式。在重点保护地区，尽量保留原有的街道尺度和形态，整体控制进入街区的机动车的数量和强度，以街道整饬为主，通过交通组织和交通设计增强街道的通行能力。在可以进行一定程度的更新改造地区，根据功能置换的情况，分析新增加的商业、旅游、文化等引起的车流和人流的变化，可适当拓宽道路、改造路网，满足机动车特别是公共交通的通行需求。

（2）在整体道路体系的规划上，以最大限度地保护传统街巷格局和道路肌理为前提，充分利用现有的路网体系，以改善为原则，选择合适的街道拓宽路面，在避让文物建筑和重要的历史建筑的基础上选择可改造的街道。清晰道路等级，用于吸引或疏导主要交通流的道路可适当拓宽宽度，保障机动车辆的快速通行；区域内的其他道路控制机动车使用，优先非机动车和公共交通；宽度有限的街道

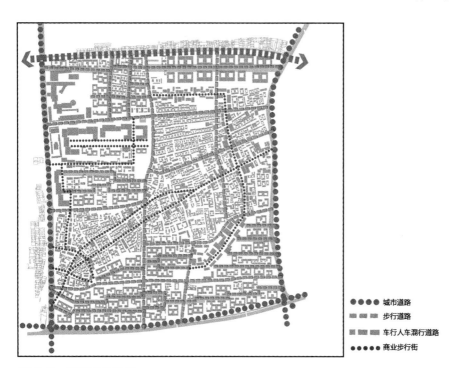

●●●●	城市道路
▨▨▨	步行道路
▨▨▨	车行人车混行道路
●●●●	商业步行街

图 3-7　道路系统规划

　　该设计方案在规划中区分人行空间和车行空间，分别建立人行道路系统和车行道路系统。其中，车行道路需要对部分原有街道进行局部打通和拓宽，以满足机动车辆的通行需求。人行道路则主要利用原有的街巷胡同，并结合规划构思建立步行体系

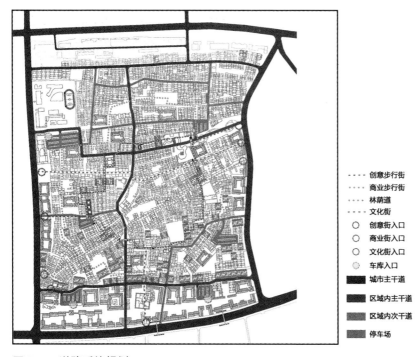

----	创意步行街
----	商业步行街
----	林荫道
----	文化街
○	创意街入口
○	商业街入口
○	文化街入口
◉	车库入口
▇	城市主干道
▇	区域内主干道
▨	区域内次干道
▨	停车场

图 3-8　道路系统规划

　　该设计方案在满足基本的机动车通行的基础上，在整个区域内建立环形步行体系。步行体系与历史建筑、绿地、小型广场、停车场相串联，同时也成为传统文化体验的重要通道

胡同可继续保持原有的步行空间。

（3）充分利用交通组织和交通管理，综合安排公共交通、机动车、非机动车、行人之间的关系是保护原有的街巷风貌和尺度的重要手段，如在不拓宽现有街道的前提下组织单向车流；优先发展公共交通，并建立街区内部的公共性交通体系，同时可结合文化旅游的需求增加电瓶车、人力三轮车等辅助交通工具；在生活性道路，通过道路线型、铺装、交叉口的设计限制小汽车的通行速度等。其中，建立适宜的街区慢行体系，合理组织步行空间是常采用的规划手段。需要注意的是，在历史街区划分步行街或步行区，遵循步行优先的原则限制机动车的进入和行驶不等于简单地将街区全部步行化，完全排斥机动车交通不仅影响城市整体的交通组织，使街区本身成为区域性交通的障碍，也会降低现代人的通行便利。因此，组织慢行空间的核心是以整体的交通体系为支撑，研究慢行特别是步行适宜的空间范围，以及慢行系统与公共交通的衔接。在步行区域的周边和内部需要整体布置公共交通站点，包括地铁出入口、公共汽车站点，还需要合理安排机动车停车空间。慢行系统的设计包括行人和自行车的通行设施，也包括非交通性的林间步道、滨水步道等，因此可以充分结合公共设施和绿化空间的布置，建立交通、休闲、娱乐等综合性的慢行体系。此外，历史街区中的电动车、三轮车等类型复杂，比例较大。这些车辆的通行、停放均缺乏管理，不仅易造成交通事故，也是降低街区通行质量的主要原因，因此需要在交通组织和管理方面给予关注。

（4）历史街区由于街道尺度狭小，建筑密集度高，普遍缺少停车空间。停车可以综合采用地面停车和地下停车两种方式，积极鼓励开发地下停车空间。由于大面积的地面停车场需要大量拆除建筑，同时可能会影响街区的传统风貌，因此可以利用新建建筑的地下空间建设地下停车场。对于地面停车则可以采用见缝插针的方式，建设多个小规模停车场，并结合绿化设计改善停车环境。停车场的选址需要综合考虑建筑类型、周边道路特性、服务功能、服务范围。可以在街区人口不同方向处设置地下停车库，减少进入街区的机动车数量。如果街区承担旅游功能的话，可以在街区人口处设置集中的旅游车停放处。

3.3 形态

在空间形态方面，与一般城市地区不同，历史街区保护更新规划的重点在于如何管控新的开发建设以维护整体的空间形态和地区风貌，包括控制建筑高度、维护街区整体天际线和轮廓线、延续街道界面的特征等。

3.3.1 高度控制

建筑高度是构成城市空间形态的重要元素，在历史街区中控制新建建筑的高度也是保护传统风貌的重要手段。建筑高度控制需要根据原有建筑的高度和体量、各地区的保护更新程度、新建建筑的功能等因素综合确定。在控制的层次上，首先应进行整体的高度分区，结合对街区保护更新程度的划分，控制建筑的绝对高度和屋顶形态（图 3-9）。其中，重点保护区应按照原始风貌进行控制，新增建筑高度不得超过区域内的平均高度。风貌协调区则可以放宽高度控制的要求，以与传统风貌相协调为原则。这样，最终规划建筑高度呈现以重点保护区为最低，向外围呈现逐渐增高的趋势。

其次，规划要注重沿街建筑高度的控制。在整体高度分区的基础上，对于历史街区中最能体现整体风貌格局的主要街道，还应进行更详细的控制，包括控制沿街建筑立面的檐口高度和建筑屋顶轮廓，以保证和统一街区形象的完整性。

▨	1层
▨	1.5层
■	2层
■	3层
■	4层及以上

图 3-9 建筑高度控制图

　　该设计方案保持整体 1 ~ 2 层的建筑高度和体量，逐步拆除原有破坏整体风貌的 5 ~ 6 层建筑。在重点保护地区，新建居住建筑主要为 1 ~ 2 层，少量公共性建筑为 3 层。在历史街区边缘地带的风貌协调区，适当增加建筑高度

第三，对于各类单体建筑，根据功能、与历史建筑的关系、与街道的关系等综合确定高度控制原则。

第四，注重对视觉景观的保护，对历史街区大量的历史建筑、景观节点等进行视线保护。在街区内部和外部选择观看点，控制观看点与观看对象之间景观视廊范围内的建筑高度，保证这些历史景观的可视性。

3.3.2　街道界面

街道界面是历史街区传统风貌的重要体现，也是街巷肌理的组成部分。与现代城市道路相比，历史街区的街道界面整齐一致、极具统一性，这样的特点需要在保护更新规划中进一步加以延续。在整体保持现有街道尺度和两侧传统建筑外，需要对新建建筑及周围空间进行控制，包括建筑沿街面的高度、建筑退让街道的距离、建筑的屋顶形态、建筑立面等（图3-10）。

首先，对街道界面的控制需要考虑建筑退界。在一般地区的城市规划管理中，通常规定建筑必须后退道路红线一定的距离，而实际建设时，各地块建筑的后退距离并不一致。这导致现代城市空间街道尺度开阔，而两侧街道界面并不连续。因此，在历史街区特别是重点保护地区应对建筑退界进行差异性控制，根据原有街道空间尺度和景观特征考虑建筑后退距离，部分街道允许不后退红线。

其次，对街道界面的控制需要结合新建筑与原有建筑之间的关系。在重点保护区，建筑更新改造规模和力度都很小，新建筑往往是镶嵌式的插入原有建筑之间。因此，为了保持界面的延续性，新建筑的高度、后退街道的距离最好与两侧建筑保持一致。同时在立面分割、檐口高度、屋顶形式、屋脊线等方面与两侧建筑保持视觉上的统一，如建筑高度参照两侧建筑；建筑后退红线与两

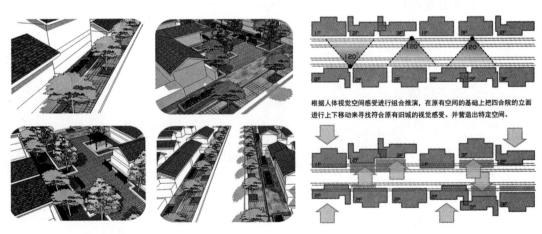

根据人体视觉空间感受进行组合推演，在原有空间的基础上把四合院的立面进行上下移动来寻找符合原有旧城的视觉感受。并营造出特定空间。

图3-10　街道界面控制图
该设计方案主要根据街道两侧的建筑高度决定建筑后退的空间，保证持续、稳定的空间感受。同时，利用较开敞的后退空间，种植绿化或从事小型公共活动

侧建筑保持一致；建筑的屋顶形式、屋顶材料、屋脊线等与邻近建筑相协调；面向街道的建筑立面设计参考两侧历史建筑的虚实关系和立面分割。在更新力度较大的地区，当新建筑的建设比较独立时，可以结合功能进行一定规模的开发，这样的建筑在高度、后退距离、立面形式、屋顶形态等方面可以适当放宽限制要求。

3.4 开放空间

开放空间是构成城市结构和形态的重要元素，也是市民进行公共交往和公共活动的场所。与城市一般地区相比，历史街区的开放空间特色十分鲜明，规划和设计方法也应具有针对性。首先，从空间形式上看，城市开放空间可分为街道空间（线状空间）与广场空间（点状空间）两类。而我国传统历史街区中的开放空间主要是街道，其他类型的开放空间如公共性的活动场地、广场、绿地公园等相对缺乏，因此需要在规划中增加此类开放空间。其次，历史街区的开放空间与城市历史发展密切相关，开放空间本身就包含有历史性和文化性。因此，除考虑空间本身的尺度、形态、空间界面外，还需要重点考虑如何将传统文化内涵融入开放空间的营造。再次，目前历史街区开放空间存在的问题比较明显，如开放空间缺乏，居民缺少从事文化、娱乐等各类社会活动的开放性场地；交通拥挤、各类机动车和非机动车管理的混乱造成了开放空间环境质量降低；大规模道路改造和拓宽破坏传统街道空间的尺度和步行环境等，这些问题需要系统的开放空间规划加以解决。最后，在历史街区进行开放空间的改造和规划不仅有着满足现代城市活动的功能性需求，本身也是缓解街区衰退、促进街区复兴的手段。开放空间既可以成为承载各种公共活动的场所，也可以起到展现历史文化、延续街区文脉的作用。

3.4.1 开放空间体系

历史街区的开放空间设计主要有以下特点：（1）保存和延续开放空间的历史文化氛围，历史文化氛围的延续在于开放空间的尺度、空间界面、历史建筑和历史遗产的存在。（2）充分梳理和利用现状开放空间，增加满足文化、休闲等功能的新开放空间，特别是广场空间，统筹建立系统的开放空间体系。这一开放空间体系可以与各类文化设施相结合，同时作为传统文化展示和游览的场所。（3）由于历史街区的建筑密度偏大，与现代城市空间相比，街区肌理更为紧密。因此，开放空间特别是广场、绿地的空间尺度不宜过大，简单地引入现代城市的大型广场和绿地容易破坏历史街区的空间肌理。（4）对现状开放空间进行适度改造，改善开放空间的环境质量，包括梳理交通、改善交通通行条件；进行小环境设计，使开放空间更适合于居民使用；充分研究街区中的狭缝空间和消极空间，将其改造成积极空间。（5）保存有历史价值的构筑物、古树、古井、古桥等，将其作为延续历史街区文化氛围的要素（图3-11~图3-14）。

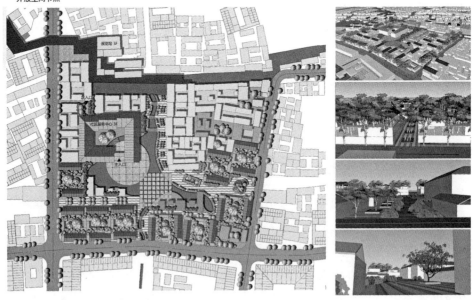

图3-11 开放空间体系规划

　　该设计方案在整个规划地区形成内外两个环状的开放空间体系，均以步行系统为主线。其中，内环空间体系分别串联小型广场和公共建筑，外环空间体系主要串联小型绿地空间

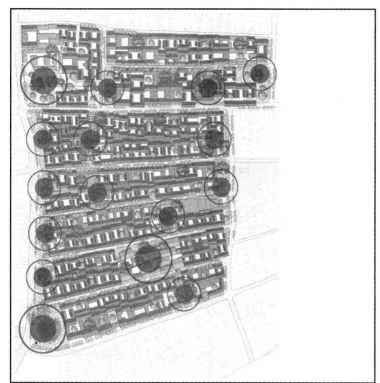

图 3-12 开放空间体系规划

该设计方案通过对部分建筑进行拆除，腾退出多个小型广场和绿地，并形成网状的开放空间体系

图 3-13 开放空间体系规划

该设计方案充分利用、整合现状开放空间形成新的开放空间体系。通过对现状开放空间的改造将消极空间转变为居民可以使用的积极空间，并通过再设计提高开放空间的环境质量

地下通道出入口改造前照片　　　前门小广场绿化改造前照片

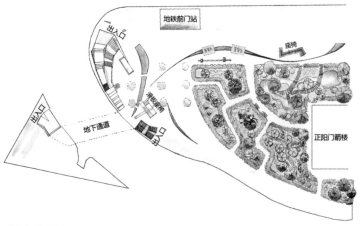

广场改造平面图

春季广场效果图

秋季广场效果图

图 3-14　改造现状开放空间

　　针对街道狭窄空间的改造利用营造多层次的开放空间

3.4.2　线状空间和点状空间

线状的街道空间是历史街区最主要的开放空间形式，线状开放空间的设计要与道路交通规划相结合，生活性道路和非交通性干道是设计的重点。线状开放空间具有方向性，伴随人们的活动具有动态的特征。因此，一方面应保持街道本身的连续性，包括连续的街道界面、完整的街道轮廓、沿街统一的建筑形态等。另一方面，线状空间也是串联点状空间的要素，可以将众多广场、绿地等有机联系在一起，成为系统的开放空间体系。

历史街区往往需要根据社会生活的需求增加点状空间。点状空间的植入需要考虑街区整体的空间秩序，在空间形态、尺度和视觉上与历史风貌相协调。其次，新植入空间的位置既要结合城市生活的公共性需求，也要与建筑保护更新措施相结合。在保护历史建筑的基础上，充分利用旧建筑拆除后的场地作为开放空间使用。第三，开放空间的具体设计应结合当地的地域特征、自然环境和地形特点，充分体现地区的传统特色和文化。

3.4.3　绿地设计

历史街区中的绿化常常以院落内部绿化为主，缺少开放性的公园和公共绿地，这些需要在绿地设计中加以关注。绿地系统由各种形式的绿化构成，包括保留传统的院落式绿化、增加区域性的绿地、建设具有一定面积的公共绿地等。其中，公共绿地的开辟同样需要结合历史街区原有的空间密度和街区肌理，可以分散式的小型绿地为主，利用旧建筑拆除后的空间增加绿化面积。由于历史街区空间资源紧张，也可在有限的空间范围充分利用屋顶绿化和垂直绿化，改善小环境，提高绿化覆盖率（图 3-15~ 图 3-18）。

在具体的设计方法上，公共绿地或公园的景观设计应与历史街区的传统风貌相结合，可吸纳中国传统园林的布局方式，以现代景观设计手法体现历史文化特征。充分保留利用原有植物，特别是历史悠久的名木古树。名木古树是历史遗产的组成部分，对体现历史风貌有重要作用，这些古树应尽量加以保留，并在场地设计中处理好建筑、道路、广场和古树之间的空间关系（图 3-19）。

3.4.4　小品设计

公共设施和小品是开放空间的重要组成部分，不仅可以为人们提供功能性服务，美化环境，也可以作为展示历史文化的载体。设施小品的设置可考虑以下几个方面：（1）充分保留传统的历史文化设施和构筑物。（2）结合历史街区的传统文化，使设施小品起到介绍和展示历史演变、民风民俗、传说典故的作用。

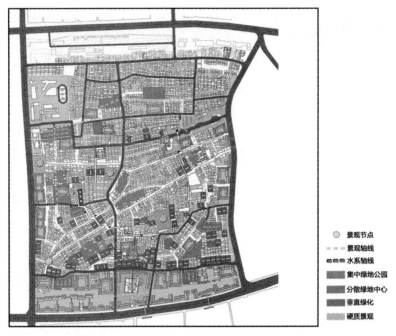

图 3-15 绿地系统规划

　　该设计方案通过多种层次的绿化方式构成绿化体系，包括具有一定面积的集中性绿地、分散在各个区域的小型的绿地中心、院落式绿化等。其中，院落式绿化是主要的绿化方式

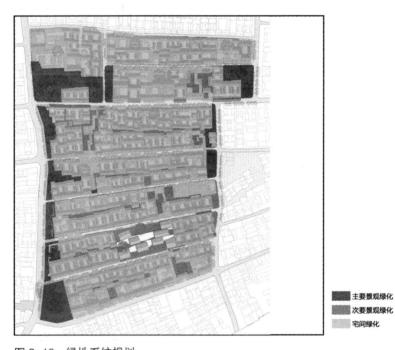

图 3-16 绿地系统规划

　　该设计方案对原有的街道空间进行改造，形成胡同景观带，并串联多个小型绿地空间。胡同口景观带是将胡同口的四合院进行景观改造，每一个胡同口对应一个景观。小型绿地是通过对四合院的改造而成，将结构不完整、破损严重的四合院进行景观改造，挖掘四合院遗迹中可利用的景观元素，比如柱子、柱础、砖等，改造后成为居民户外活动、交流的场所

图 3-17　绿地的设计方法

　　该设计方案在新建设的绿地中，采用中国传统园林的设计方法，综合运用水面、亭台楼榭等元素，绿化形式自由、灵活，建筑形态保持与历史街区传统风貌相呼应

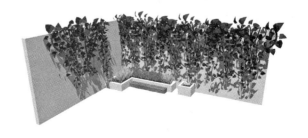

图 3-18　立体绿化设计

　　该设计方案针对胡同用地紧张、绿化空间不足的现状从垂直方向入手，通过垂直绿化形成竖向空间的景观延伸。具体采用两种方式：一是在墙面种植攀爬式的藤本植物，如种植爬山虎、绿萝、常春藤等；二是采用花盆垂钓式，将植物种植于墙面的种植槽内

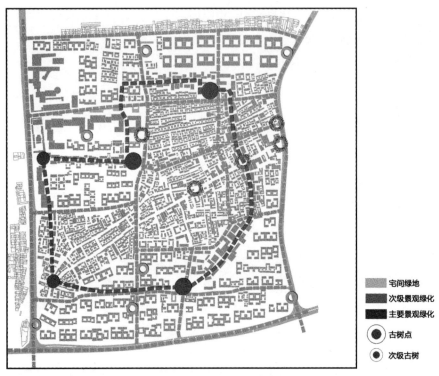

宅间绿地
次级景观绿化
主要景观绿化
古树点
次级古树

图 3-19　古树的保留与空间塑造
　　该设计方案注重对原有古树的保留，并与景观设计相结合，使古树成为开放空间的景观节点

（3）在设施小品的形态设计上，结合功能和使用需求，在材质、色彩等方面与
历史街区的传统风貌融为一体（图 3-20）。

3.5　空间密度

对空间密度的控制是保证历史街区传统风貌的重要手段。历史街区中的建
筑距离紧密，空间密度普遍较高，这也是街区肌理的特征之一。过高的空间密
度容易导致开放空间缺乏、建筑间距狭小、影响通风采光、带来消防隐患、交
通组织困难等问题。但应注意如果在更新改造的过程中简单套用现代城市规范、
随意扩大空间密度又会导致街道尺度的失调、街区肌理的改变。因此，设计同
样需要在延续历史风貌和满足现代城市需求之间寻找平衡。首先，空间密度可
以结合区域保护更新的程度进行梳理。在核心保护区拆除私搭乱建的临时建筑
和无历史价值的破损建筑，扩展开放空间和室外场地；在更新力度较大的地区可
结合现代城市规范扩展空间密度。其次，对空间密度的控制与建筑间距、建筑
密度、建筑后退红线等要求密切相关。在历史风貌重点保护地区，可根据原有
空间特征适度突破一般城市管理技术规定，以避免空间过大破坏原有的城市肌
理（图 3-21）。

3.6　建筑设计

在历史街区中新建建筑和建筑群是必不可少的过程。一方面，新建筑的引
入伴随着新功能的引入和新社会经济活动的开展，它的设计需要体现物质载体
的作用；另一方面，不恰当地引入新建筑（如建筑体量、形态与传统建筑差别过大）
会极大地破坏历史街区的传统风貌，导致街区历史价值和艺术价值的降低。因此，
在规划设计中应谨慎对待新建建筑。

从宏观层面，新建筑必须成为历史建成环境的有机组成部分，它的整体
形态应成为历史街区空间肌理的填充，新旧建筑应相互配合延续完整的城市
空间形态。在微观层面，新建筑的设计应与周围的历史建筑和传统风貌相协
调。新建筑与历史环境的协调手法一般包含以下几种：（1）完全模仿或仿造传
统建筑的样式，使新建建筑和传统建筑在外观上看起来一致。这是一种相对
简单的达到协调的方法，却容易带来现代功能与传统形式的矛盾、时代特征
和现代性的缺乏，更重要的是容易混淆原传统建筑的特征，导致历史价值真

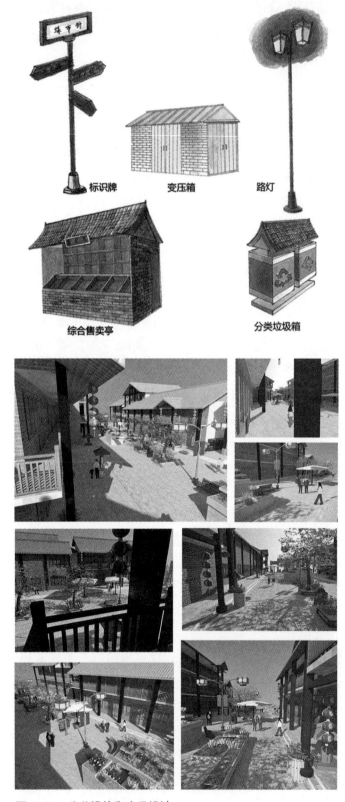

标识牌　　　变压箱　　　路灯

综合售卖亭　　　　分类垃圾箱

图 3-20　公共设施和小品设计

改造前肌理图

改造后肌理图

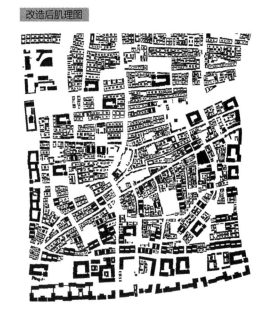

图3-21 空间密度变化图
　　进行图底分析，将经过更新改造后的街区肌理与原肌理的对比，建筑密度有一定程度上的降低。其中重点保护区内由于改造力度小，主要以拆除部分价值和质量较低的建筑或加建建筑为主，因此建筑密度变化最小。街区外围以更新改造为主的地区，由于新建建筑高度增加，建筑之间的间距也相应增大

实性的降低。（2）追求与传统风格的神似，在使用新材料和新技术的前提下，通过抽象和提炼传统建筑形制的特征达到形态或设计原则上的相似。如贝聿铭先生设计的苏州博物馆新馆、吴良镛先生设计的菊儿胡同等。（3）采用现代设计方法，主要追求在尺度、比例上与周围传统建筑相协调。如拉菲尔·莫尼欧设计的穆尔西亚市政厅、彼得·卒姆托设计的柯伦巴艺术博物馆等。（4）当新建筑临近比较重要的历史建筑时，采用相对消极或退让的设计方式，保证历史建筑在整个历史环境中核心的角色地位。如贝聿铭先生设计的卢浮宫扩建工程。（5）通过"对比"来体现和谐，包括采用新材料、新技术来体现历史与现代的触碰。如伦佐·皮亚诺和理查德·罗杰斯设计的巴黎蓬皮杜中心、理查德·迈耶设计的巴塞罗那现代艺术博物馆等。这种设计方式仍然需要把控建筑整体外部形态体量与周围环境的关系。在具体的设计中选择哪种方式需要因地制宜，综合多方面因素，包括街区整体传统风貌的完整性和可识别性、新建筑与周围建筑的位置关系、周围历史建筑的历史价值和重要性、新建筑的规模和体量等。但总体而言，新建筑的设计不应排斥现代建筑风格。《内罗毕建议》指出："引进具有当代特点的因素，只要不破坏整体的和谐，是有助于建筑群的丰富的。"1933年，国际现代建筑协会通过的《雅典宪章》中关于文化遗产也提到：以艺术审美的借口，在历史地区内采用过去的建筑风格

建造新建筑是灾难性的做法，无论以何种形式延续或引导传统风貌都是无法容忍的。这样的方式恰是与传承历史的宗旨背道而驰的。时间永是流逝，绝无逆转的可能，而人类也不会再重蹈过去的覆辙。那些古老的杰作表明，每一个时代都有其独特的思维方式、概念和审美观，因此产生了该时代相应的技术，以支持这些特有的想象力。倘若盲目机械地模仿旧形制，必将导致我们误入歧途，发生根本方向上的错误，因为过去的工作条件不可能重现，而用现代技术堆砌出来的旧形制，至多只是一个毫无生气的幻影罢了。这种"假"与"真"的杂糅，不仅不能给人以纯粹风格的整体印象，作为一种矫揉造作的模仿，它还会使人们在面对至真至美时，却无端产生迷茫和困惑。

因此，新建建筑的设计可以考虑以下几个方面：（1）引入新建筑时尊重原有的空间组织，包括原有的地块划分和尺度。（2）在空间布局上延续传统建筑的布局模式和特征。如中国四合院式的空间形式是构成整个街区肌理的元素，研究院落的组织模式、建筑与院落的空间关系，将其运用到新建筑的设计中，可以使新建筑和谐地拼贴进原有的街区肌理中。（3）在整体规模和尺度上与传统风貌形成和谐的关系。一般而言，新建筑的建筑高度都应具有严格的限制，在重点保护地区，新建筑应与历史建筑保持同等的高度或低于历史建筑的高度。新建筑的规模也应受到限制，可在设计上采用化整为零或视觉上消隐退让的方式降低大尺度建筑的负面影响。（4）尊重街道界面的延续性，研究周围建筑的立面构成和形式规律，在建筑立面的虚实关系、比例分割、材质色彩、屋顶形态等方面与周围建筑取得一致。如延续周围历史建筑的比例关系，包括整体建筑之间或建筑与构件之间的比例关系。相似的比例可以使人们产生视觉上的连续性。采用相同或相似材质和色彩的建筑材料可以强化街区历史特征和场所感。历史街区往往采用当地材料，这使历史街区具有鲜明的地方特色，在材质和色彩方面贴近历史建筑能够加强新建筑和历史建筑之间的关联。屋顶也是建筑设计重要的设计元素，历史建筑及建筑群往往有丰富的屋顶形象，新建筑的屋顶形态应与历史建筑的屋顶轮廓线相呼应。（5）研究体现传统风貌特征的建筑语汇，在新建筑设计中通过现代材料和形式进行现代转译（图3-22~图3-29）。

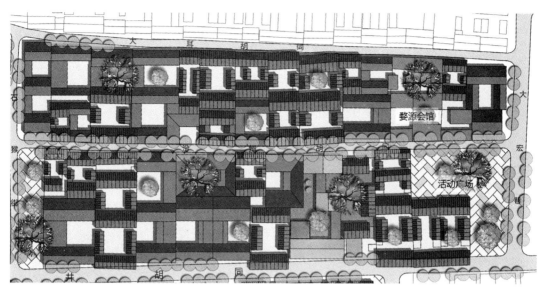

图 3-22　建筑群组合方式

　　在需要重点保护的地区，建筑的组合方式需要考虑对原有历史风貌的影响，设计限制较多。该设计方案延续了原有的合院式组合方式，新建建筑采用合院布局，与保留建筑在尺度和规模上相互衔接

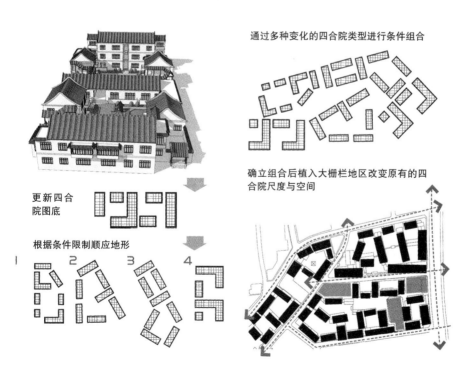

图 3-23　建筑群组合方式

　　对于更新改造力度较大的地区，建筑的形态和规模限制相应降低，可以运用更灵活的方式进行建造。该设计方案以传统的院落式建筑为单元，根据不同地块的尺度及形态进行变化。既满足功能需求，又与整体的空间形态相呼应

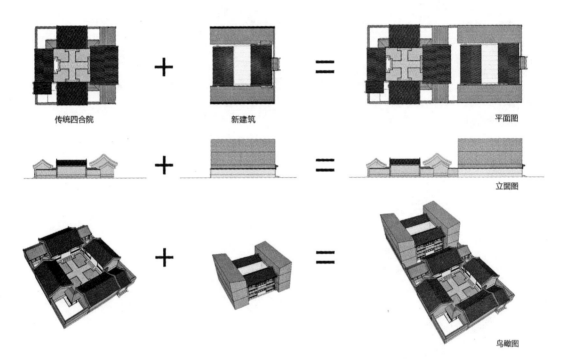

传统四合院　　　　　新建筑　　　　　平面图

立面图

鸟瞰图

图 3-24　新旧建筑的拼接方式
　　该设计方案参照原有四合院的尺度和形态引入新建建筑，保证两者的和谐衔接

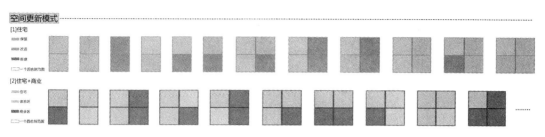

模式1-住宅（多户）

一层平面图

地下一层平面图

适合功能：
两户居住
两代居住

生活庭院透视图

模式2-住宅+商业

一层平面图

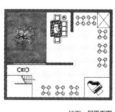

地下一层平面图

适合功能：
居住+商业配合使用
办公
咖啡厅+休闲
作坊式商业

休闲院落透视图

图 3-25　传统住宅模式改造

　　该设计方案对传统住宅模式进行改造更新，一类是纯居住空间模式，部分保留原有建筑主体，部分新建，新建部分增加地下空间。另一类是居住 + 商业空间模式，按照不同的商业功能需求以及住户的要求，注入新的商业功能。这种商住混合模式含有居住、文化体验和商品售卖三种功能空间，依据不同传统工艺对空间的不同需求，可以形成居住和体验功能，居住和商业功能，居住、体验和商业功能的不同组合形式

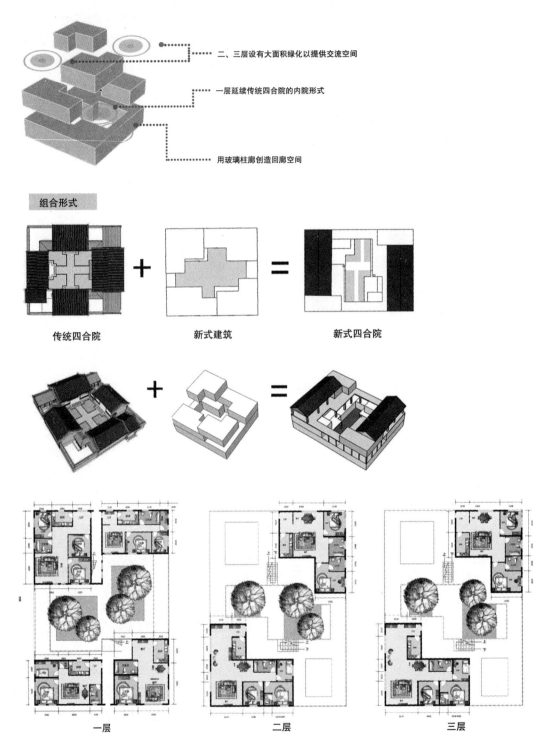

图 3-26　集合型住宅设计

　　由于传统建筑的空间形式与现代生活需求存在一定程度上的差异，因此在进行建筑设计时往往需要对传统空间形式进行一定的变体。该设计方案研究传统四合院的尺度和组合方法，结合现代集合型住宅的特点设计新型住宅。建筑一层延续传统四合院的内院形式，院落绿化为居民提供景观和休憩场所，二、三层设置大面积绿化为居民提供相互交流的空间。设计上应用大量玻璃柱廊，用现代手法呈现传统四合院的回廊

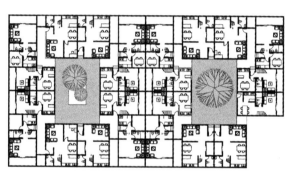

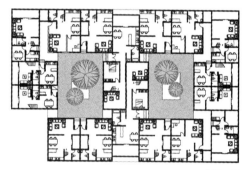

一层平面图

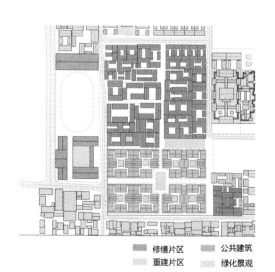

修缮片区　　公共建筑
重建片区　　绿化景观

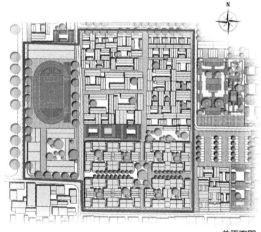

总平面图

图 3-27　集合型住宅设计

　　该方案设计的多层集合型住宅由多个四合院单元拼贴组成，每个四合院单元分别包含不同户型以满足居民不同的使用需求

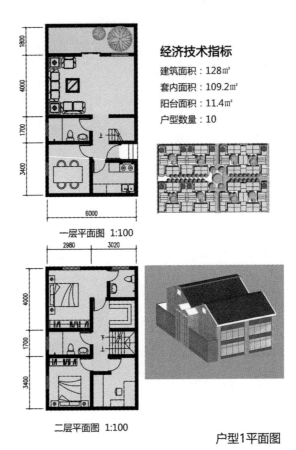

经济技术指标

建筑面积：128㎡

套内面积：109.2㎡

阳台面积：11.4㎡

户型数量：10

一层平面图 1:100

二层平面图 1:100

户型1平面图

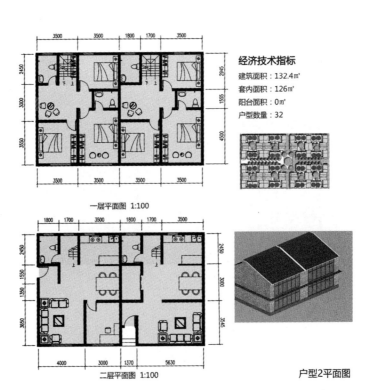

经济技术指标

建筑面积：132.4㎡

套内面积：126㎡

阳台面积：0㎡

户型数量：32

一层平面图 1:100

二层平面图 1:100

户型2平面图

经济技术指标

建筑面积：128㎡

套内面积：109.2㎡

阳台面积：11.4㎡

户型数量：10

一层平面图 1:100

二层平面图 1:100

户型3平面图

户型4平面图

一层平面图 1:100

二层平面图 1:100

经济技术指标

建筑面积：215.8㎡

套内面积：197.5㎡

阳台面积：15㎡

户型数量：4

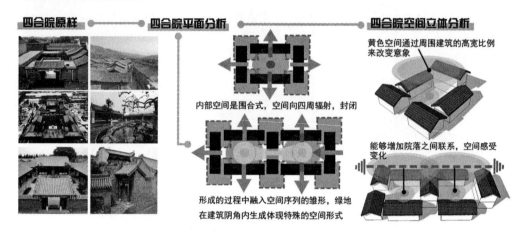

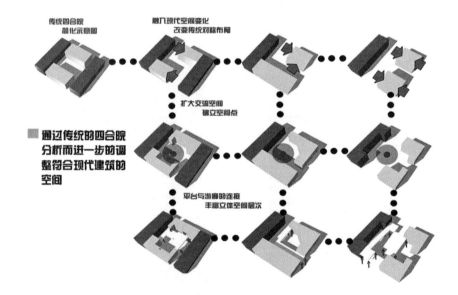

图 3-28　集合型住宅设计（一）

　　该设计方案主要分析原有四合院的空间组织形式，延续其围合式的空间感受，建设多层集合型住宅以满足居民的生活需求

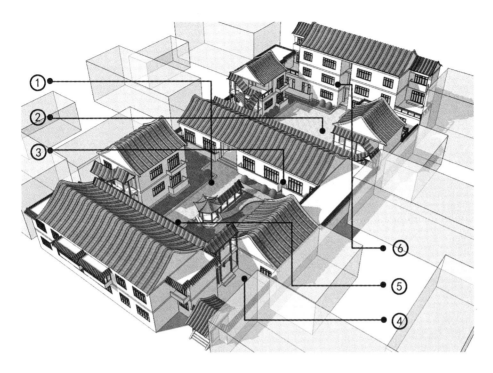

透视点①

为了丰富四合院的绿化景观而
采取的内部庭院措施。可以让
居民感受到绿色如茵

透视点②

该更新四合院的北部多为三层
楼。可以改善北京冬夏新四合
院内部的局部气候

透视点③

前半部的空间连接外部空间可
以作为闹静的分界点。前部作
为基础庭院

透视点④

门口处可以透过抄手游廊间接
地感受到庭院内部的宜人宜居
气息

透视点⑤

内部的交流活动空间给予居民
们频繁的接触，让邻里感觉强
烈

透视点⑥

基本二进院落的后部空间，在
这里人群可以轻易地进行交流
休憩

图 3-28　集合型住宅设计（二）

　　该设计方案主要分析原有四合院的空间组织形式，延续其围合式的空间感受，建设多层集合型住宅
以满足居民的生活需求

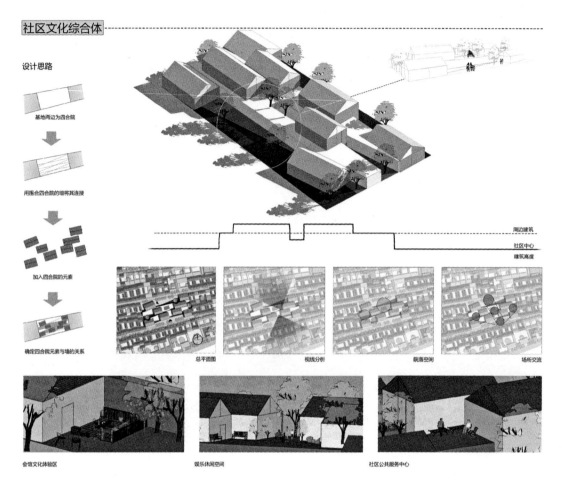

社区文化综合体

设计思路

基地两边为四合院

用围合四合院的墙将其连接

加入四合院的元素

确定四合院元素与墙的关系

周边建筑

社区中心

建筑高度

总平面图　　　视线分析　　　院落空间　　　场所交流

会馆文化体验区　　　娱乐休闲空间　　　社区公共服务中心

图 3-29　公共建筑设计

历史街区往往需要新建大量的公共建筑，公共建筑与一般的住宅相比具有更大的尺度和规模，因此如何适当地引入公共建筑是设计的难题。该设计方案将现状大尺度、与传统风貌不协调的建筑拆除，建设为周围居民服务的活动中心。在建筑形式上破整为零，采用传统的坡屋顶、群体围合式的布置方式，既考虑与周围四合院住宅的空间关系，又在建筑尺度和形态上与居住建筑有所区分

附录一 | 优秀学生作业

"北京大栅栏居住区规划设计"设计概况

1. 设计题目概况

大栅栏地区是北京历史文化保护区之一,拥有大栅栏商业街和琉璃厂东街两处集中的传统商业街区,同时大量丰富的物质遗存和非物质遗存,整体的街区风貌和空间肌理也基本保存。规划地段主要位于煤市街以西地区,北至前门西大街南至珠市口西大街,西至新华街。地域内有两片集中的历史保护街区及数量较多的散布的历史建筑,除北侧建有较大体量的高层建筑外,整个地区基本保持原有的胡同和城市肌理,建筑层数较低,但居住环境品质较差,居住环境在交通、住宅、公共空间、绿化景观等各方面均需要进行改造。

2. 设计要求

规划要求对整个地段进行综合调查和研究,并重点对其中的居住空间进行规划设计。设计内容包括在分析用地现状和保护历史文化资源的基础上,提出整个地区的保护更新策略,思考历史街区中居住环境的有机更新。将该地区改建为符合当地人生活方式,有着良好的居住环境,便利的公共服务设施,充足的公共活动空间和良好绿化景观的居住社区。

3. 设计内容

居住空间设计的具体内容包括处理与地段内保护建筑之间的关系;处理居住和商业、文化旅游之间的关系;营造具有传统居住氛围和宜人尺度,又能满足现代人需要的居住环境;改善地区的市政交通设施和公共服务设施;设计与历史环境相协调的现代集合型住宅。

指导教师:许方、于海漪、王卉、王雷。

针灸激活——大栅栏传统街区多元复兴

修琳洁、李丹（城规 2012 级）

2015 全国高等学校城乡规划专业城市设计课程作业评选三等奖

区域背景分析

基地周边环境分析

 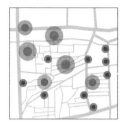  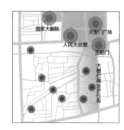

基地现状分析

基地现状　　　　　建筑风貌　　　　　　　产权类型　　　　　　　容积率　　　　　　　道路系统

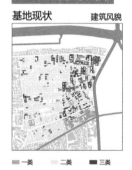   

一类　二类　三类　　　国有产权　私有产权　集体产权
　　　　　　　　　　混合产权　军属产权

<1.0　2.0-3.0
1.5-2.0　1.0-1.5

城市次干道　区内支路　区内步行道

现状问题总结

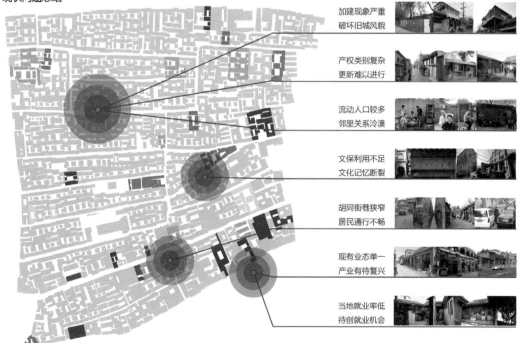

加建现象严重
破坏旧城风貌

产权类别复杂
更新难以进行

流动人口较多
邻里关系冷漠

文保利用不足
文化记忆断裂

胡同街巷狭窄
居民通行不畅

现有业态单一
产业有待复兴

当地就业率低
待创就业机会

针灸策略

腧穴学说 —活动策略

经络学说 —空间策略

道路空间
拓宽道路　打通道路

院落空间
拆除搭建
还原肌理
组织合院

广场空间
形成活动节点
增加公共活动
适合集会玩耍

公共建筑
空间功能多元
提升区域经济
适合游览商业

小游园
公共开放空间
丰富多元活动
适合游玩放松

院落空间
空间使用灵活
营造私密空间
适合邻里互助

院落组团
创造景观小品
营造安静氛围
适合交流茶歇

古树周边
形成围合座椅
营造优美环境
适合学习休憩

精气血津 —开发策略

现状产权　产权出让　更新方式　更新成果

现状产权　产权出让　更新方式　更新成果

大栅栏位于天安门广场以南，前门大街西侧，是保留最完好历史文化街区之一。根据北京城市总体规划，大栅栏文保区属于25片历史文化保护区。历史悠久，我们基于城市针灸的方法，以"点式切入"的方式来进行小规模的改造多元复兴大栅栏历史街区。

五行学说 —节点策略

昔帘胡同节点——针灸社区服务

游客公园节点——针灸入口空间

杨梅竹斜街节点——针灸游客体验

石猴巷节点——针灸民俗传承

协资庙节点——针灸文物保护

文化广场节点——针灸公共空间

图例

修缮院落
新增院落
文保单位
沿街商业
保留古树

0　25　50　100

N

总平面图

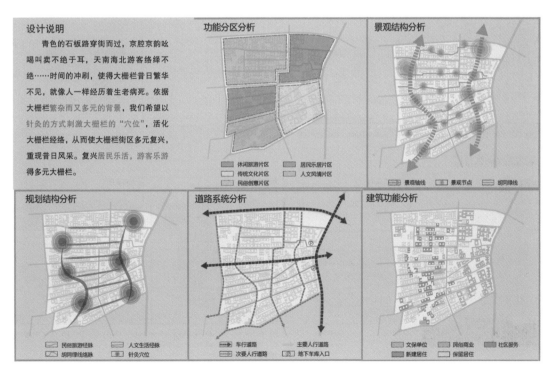

设计说明

　　青色的石板路穿街而过，京腔京韵呦喝叫卖不绝于耳，天南海北游客络绎不绝……时间的冲刷，使得大栅栏昔日繁华不见，就像人一样经历着生老病死。依据大栅栏繁杂而又多元的背景，我们希望以针灸的方式刺激大栅栏的"穴位"，活化大栅栏经络，从而使大栅栏街区多元复兴，重现昔日风采。复兴居民乐活，游客乐游得多元大栅栏。

功能分区分析

休闲旅游片区　　居民乐居片区
传统文化片区　　人文风情片区
民俗创意片区

景观结构分析

景观轴线　　景观节点　　胡同绿线

规划结构分析

民俗旅游经脉　　人文生活经脉
胡同绿线络脉　　针灸穴位

道路系统分析

车行道路　　主要人行道路
次要人行道路　　地下车库入口

建筑功能分析

文保单位　　民俗商业　　社区服务
新建居住　　保留居住

"Join and Enjoy"互助更新——大栅栏社区改造规划

杨东、张译丹（城规 2010 级）

2013 全国高等学校城乡规划专业城市设计课程作业评选三等奖

历史区位

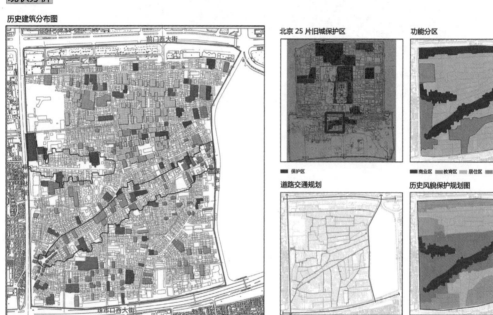

蜀 2268C　　燕 70-936 年　　燕京 936-1125 年　　金中都 1125-1268 年　　元大都 1168 年　　明清北京城

现状分析

历史建筑分布图

北京 25 片旧城保护区　　功能分区

道路交通规划　　历史风貌保护规划图

■ 寺庙　■ 名人故居　■ 会馆　■ 商业　□ 风貌建筑　□ 居住院落

■ 保护区

■ 商业区　■ 教育区　■ 居住区　■ 文化区

── 城市主干道　── 城市次干道

■ 历史风貌重点保护区　　■ 历史风貌控制区
■ 历史风貌延续区　　■ 历史风貌协调区

规划用地现状分析

详细规划区位　　**文保建筑分布**　　**建筑风貌图**　　**建筑质量分析**

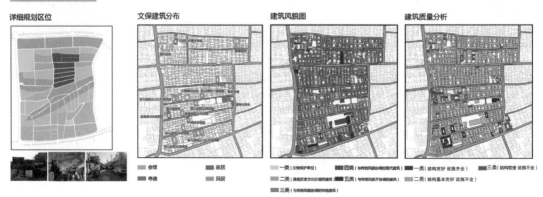

■ 会馆　　　　■ 故居
■ 寺庙　　　　■ 民居

■ 一类（文物保护单位）　■ 四类（与传统风貌协调的现代建筑）
■ 二类（具有历史文化价值的建筑）　■ 五类（与传统风貌不协调的建筑）
■ 三类（与传统风貌协调的传统建筑）

■ 一类（结构完好 设施齐全）　■ 三类（结构较差 设施不全）
■ 二类（结构基本完好 设施不全）

概念引入

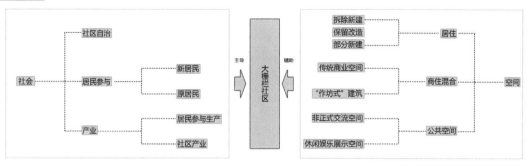

[互助更新]
更新模式优化 ⟶ Join and Enjoy 互助社区 ⟵ 空间更新模式 [四合院改造]

空间更新模式

[1]住宅
保留
改造
新建
□ 一个四合院范围

[2]住宅+商业
住宅
体验区
商业区
□ 一个四合院范围

[3]公共空间
四合院景观改造
建筑
景观改造
□ 一个四合院范围

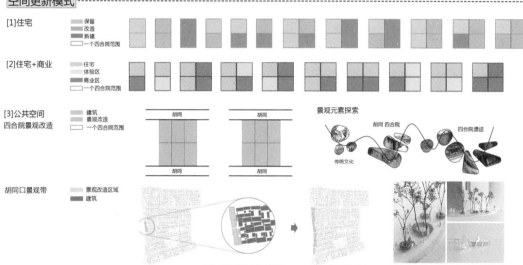

景观元素探索
胡同 四合院
四合院遗迹
传统文化

胡同 胡同

胡同口景观带
景观改造区域
建筑

将胡同口处的四合院进行景观改造 ⟶ 胡同口景观带   设计意向

大栅栏社区的空间改造结合社区发展进行适当的改造，结合不同用途建筑的空间改造形式进行改造或新建。空间的更新伴随着社区互助更新，主要以小规模更新，改造更新为主。

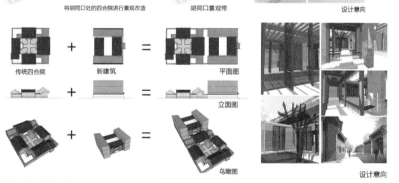

传统四合院 + 新建筑 = 平面图
+ = 立面图
+ = 鸟瞰图
设计意向

方案构思

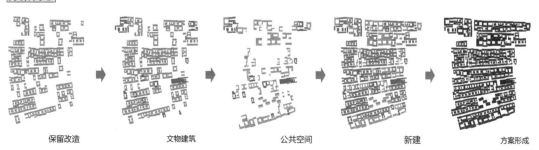

保留改造   文物建筑   公共空间   新建   方案形成

总平面图

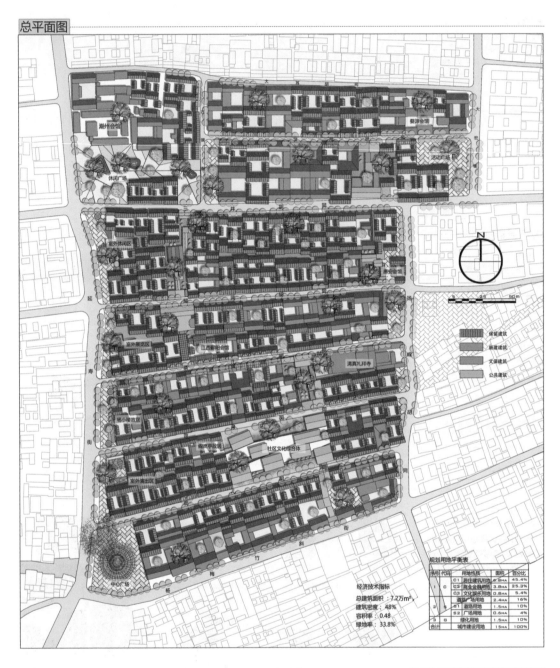

经济技术指标

总建筑面积：7.2万m²y
建筑密度：48%
容积率：0.48
绿地率：33.8%

规划用地平衡表

序号	代码		用地性质	面积	百分比
1	C	C1	居住建筑用地	6.8HA	45.4%
		C2	商业金融用地	3.8HA	25.3%
		C3	文化娱乐用地	0.8HA	5.4%
2	S		道路广场用地	2.4HA	16%
		S1	道路用地	1.5HA	10%
		S2	广场用地	0.6HA	4%
3	G		绿化用地	1.5HA	10%
合计			城市建设用地	15HA	100%

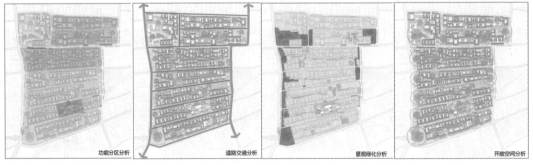

功能分区分析　　道路交通分析　　景观绿化分析　　开敞空间分析

鸟瞰图

胡同口景观带

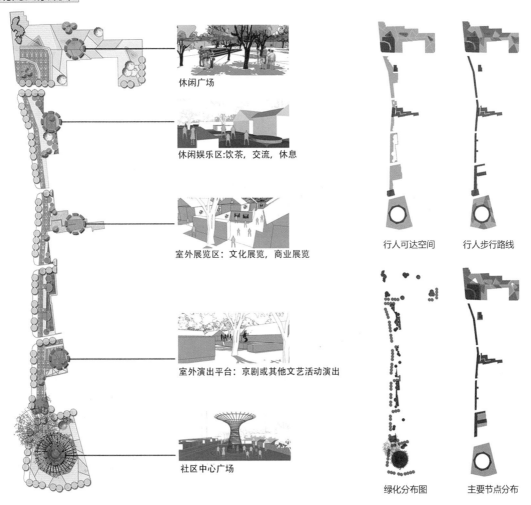

休闲广场

休闲娱乐区:饮茶，交流，休息

室外展览区：文化展览，商业展览

室外演出平台：京剧或其他文艺活动演出

社区中心广场

行人可达空间　　行人步行路线

绿化分布图　　主要节点分布

住宅更新模式

传统四合院

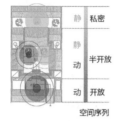

空间序列

静 私密
静
动 半开放
动 开放

住宅
保留居住功能，建筑风貌保存较好的直接作为住宅使用，或在其旁边加建新建筑配合使用。

住宅+商业
居住与商业混合，通过新建或改造，结合历史建筑使用。

开放空间
对保存很差的历史建筑进行景观改造，使其成为开放空间，供居民休闲娱乐使用。

模式1-住宅（多户）

一层平面图

南立面图

地下一层平面图

适合功能：
两户居住
两代居住

模式2-住宅+商业

一层平面图

南立面图

地下一层平面图

适合功能：
居住+商业配合使用
办公
咖啡厅+休闲
作坊式商业

模式3 -开放空间

景观改造平面

景观改造透视图示意

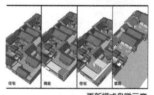

更新模式鸟瞰示意

住宅 商业 住宅 居住

社区文化综合体

设计思路

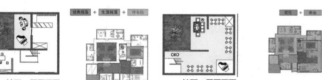

基地两边为四合院

↓

用围合四合院的墙将其连接

↓

加入四合院的元素

↓

确定四合院元素与墙的关系

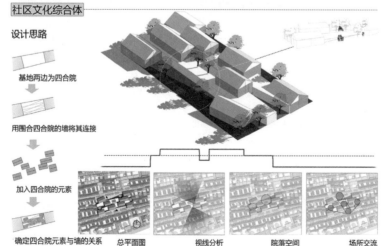

总平面图　　视线分析　　院落空间　　场所交流

萌芽·新枝——大栅栏居住区的有机更新

王宣、刘子翼、范春垒（城规 2009 级）

2012 全国高等学校城乡规划专业城市设计课程作业评优佳作奖

研究规划范围

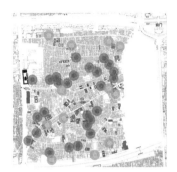

研究范围 ▢ 重点规划范围 ▢ 核划保护范围

■ 保护建筑影响范围图

研究范围

北至前门西大街；南为珠市口东大街；西至南新华街；东至煤市街用地范围大概为90公顷。

规划范围

根据风貌图确定规划范围。规划用地大概为39.7公顷。包括重点保护区、居民区和风貌协调区的改建。

历史建筑分布图

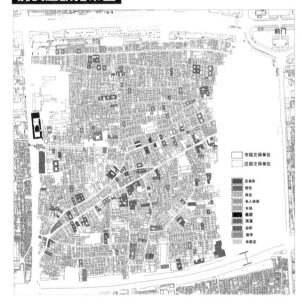

▢ 市级文保单位
▢ 区级文保单位

区域现状分析

■ 大栅栏地区——功能区——现状图

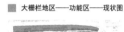

■ 居住区
■ 教育区
■ 商业街道
■ 文化区

解析：区域内部由于划分不清，很多功能都相互交叉，没有一个完善的分划。但大体上可以分布居住区域、小型教育区、商业街道文化区域。以此为基础，来通过相应调整满足功能区域划分。

■ 大栅栏地区——肌理——现状图

	梳理城市肌理	调整交通体系	增加公共空间	收复文化认同感
现状与问题	1. 建筑随意搭建，空间关系不明 2. 建筑密度过高，降低居住质量 3. 临街建筑风貌搭损，影响胡同空间感	1. 部分胡同狭小，通行不畅 2. 胡同错综复杂，识别性不高 3. 路边停车使街道发生堵塞 4. 街道卫生无保障	1. 缺乏居民交往的公共空间 2. 老年人和儿童没有活动场所 3. 绿化率低，尤其缺乏成片绿化	1. 商业品质相对低下 2. 文化认同感逐渐丧失 3. 街区活力和吸引力降低
解决方式与对策	1. 保护完好的历史建筑、胡同和肌理 2. 拆除违建建筑，降低居住密度 3. 对建筑进行适当的修缮、改造和更新路面	1. 建立空间与视觉的关系 2. 拓宽部分胡同，整体交通干净 3. 整理美化胡同，梳理交通体系	1. 增加公共空间 2. 增加绿化率以建立宜居环境 3. 建立绿化景观系统 4. 扩大交通与步行节点	1. 回归传统商业，提高商品质量 2. 发展地区文化，构建文化旅游路线 3. 收复地区活力
理想规划条件	恢复舒畅整齐的城市肌理	满足现代生活需求的通畅又不失传统街道感受的道路体系	凸显空间结构，塑造宜人的生活环境	富有传统韵味的活力空间，感受到区域的文化内涵。

规划思路流程

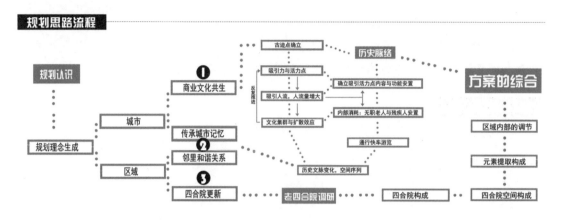

理念生成图谱

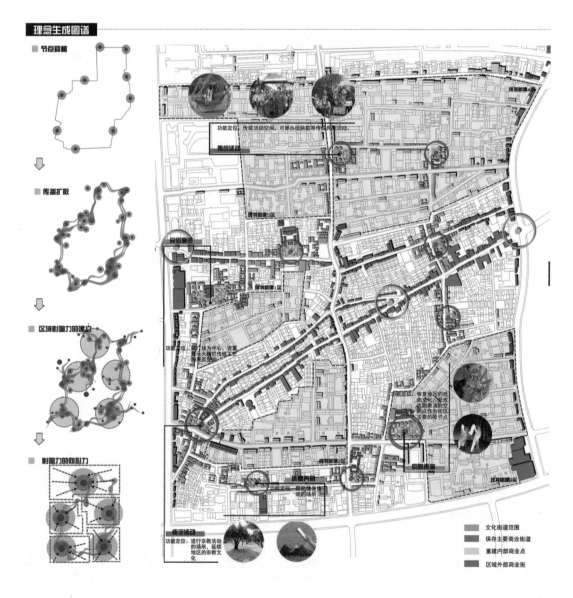

总平面图

	保留建筑		道路用地		新建建筑
	商业建筑		水体		公园铺地
	文化建筑		抄手游廊		新铺绿地

规划分析图

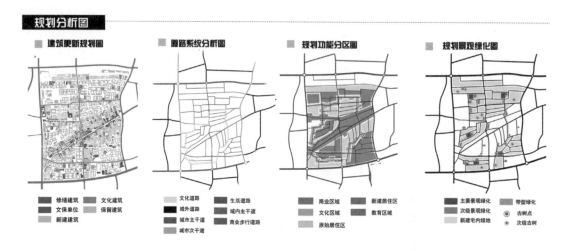

建筑更新规划图　**道路系统分析图**　**规划功能分区图**　**规划景观绿化图**

修缮建筑　文化建筑
文保单位　保留建筑
新建建筑

文化道路　生活道路
城外道路　城内主干道
城市主干道　商业步行道路
城市次干道

商业区域　新建居住区
文化区域　教育区域
原始居住区

主要景观绿化　带型绿化
次级景观绿化　古树点
新建宅内绿地　次级古树

商业文化空间分析

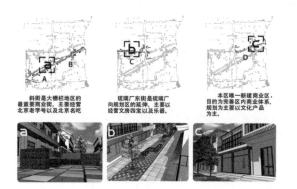

斜街是大栅栏地区的
最重要商业街，主要经营
北京老字号以及北京名吃

琉璃厂东街是琉璃厂
向规划区的延伸，主要以
经营文房四宝以及乐器。

目的为完善区内商业体系，
本区唯一新建商业区，
规划为主要以文化产品
为主。

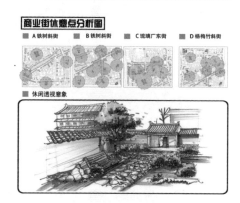

商业街休憩点分析图

A 铁树斜街　B 铁树斜街　C 琉璃厂东街　D 杨梅竹斜街

休闲透视意象

大栅栏鸟瞰图

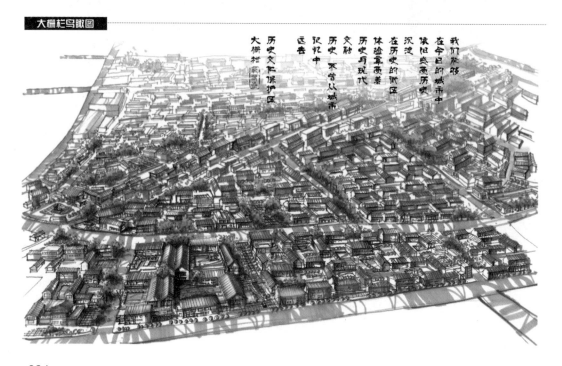

我们欲将
在今日的城市中
使旧或商历史
沉淀
在历史的试区
体验章质着
历史与现代
交融
历史 不管从城市
记忆中
医去
历史文化保护区
大栅栏

区域与四合院更新

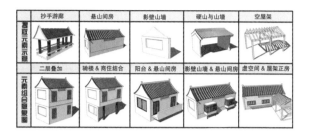

	抄手游廊	悬山间房	影壁山墙	硬山与山墙	空屋架
提取元素示意	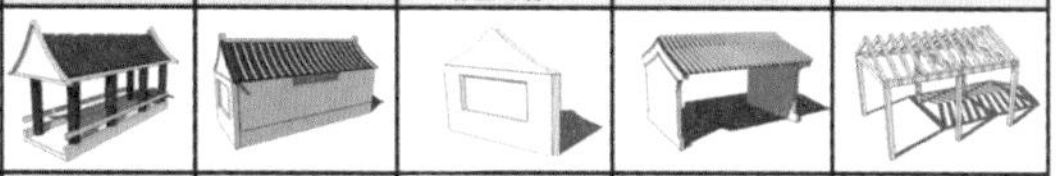				
	二层叠加	骑楼 & 商住结合	阳台 & 悬山间房	影壁山墙 & 悬山间房	虚空间 & 屋架正房
元素组合意象图	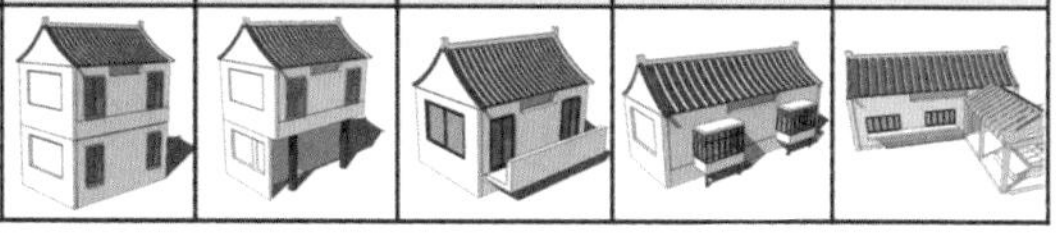				

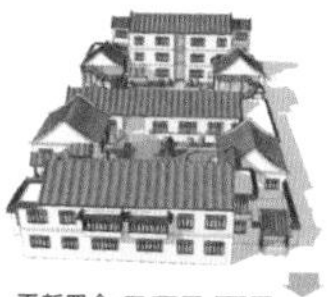

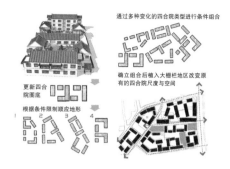

通过多种变化的四合院类型进行条件组合

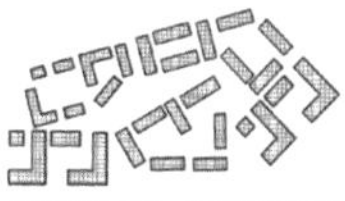

确立组合后植入大栅栏地区改变原有的四合院尺度与空间

更新四合院图底

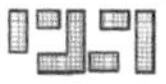

根据条件限制顺应地形

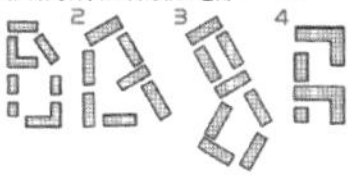
2
3
4

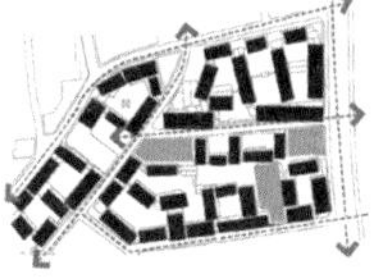

新型四合院构成

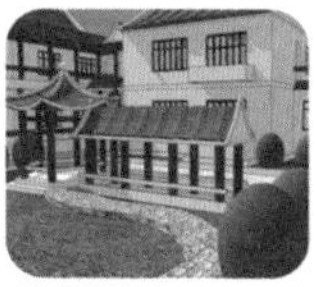

透视点①

为了丰富四合院的绿化景观而采取的内部庭院措施。可以让居民感受到绿色如茵

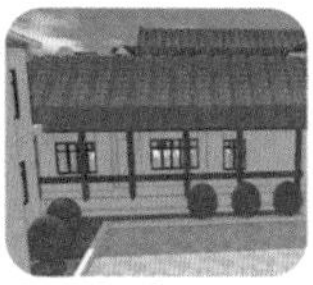

透视点②

该更新四合院的北部多为三层楼。可以改善北京冬夏新四合院内部的局部气候

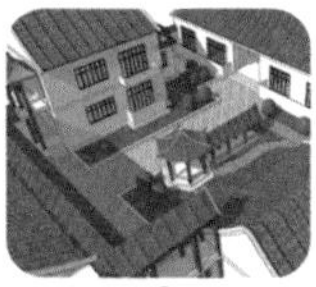

透视点③

前半部的空间连接外部空间可以作为闹静的分界点。前部作为基础庭院

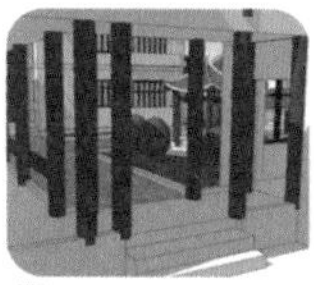

透视点④

门口处可以透过抄手游廊的间接的感受到庭院内部的宜人宜居气息。

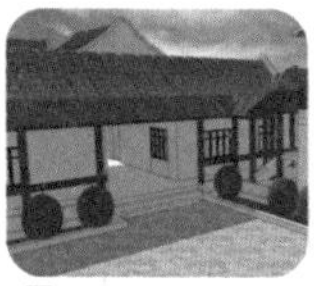

透视点⑤

内部的交流活动空间给予居民们频繁的接触，让邻里感觉强烈。

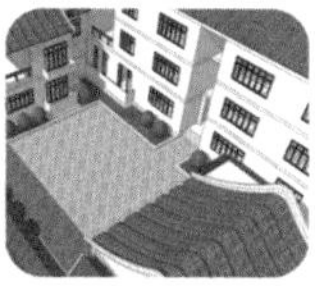

透视点⑥

基本二进院落的后部空间，在这里人群可以轻易地进行交流休憩

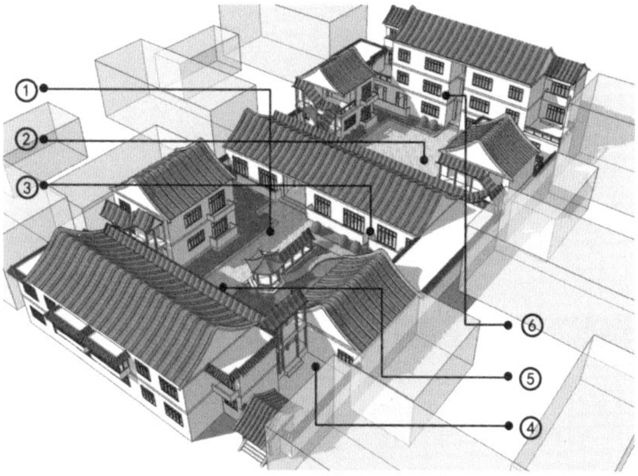
①
②
③
④
⑤
⑥

新型四合院空间设想

原始四合院空间分析图

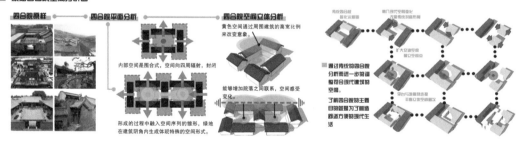

四合院原样

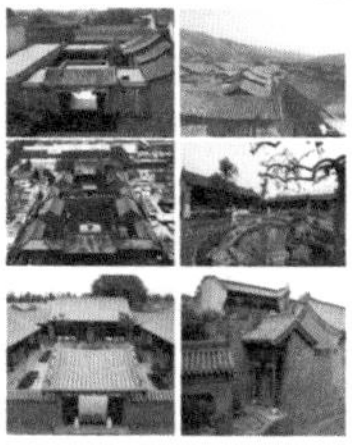

四合院平面分析

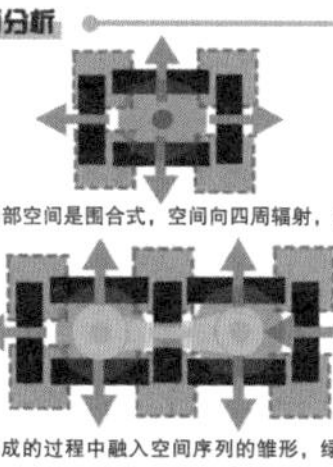

内部空间是围合式，空间向四周辐射，封闭

形成的过程中融入空间序列的雏形，绿地在建筑阴角内生成体现特殊的空间形式。

四合院空间立体分析

黄色空间通过周围建筑的高宽比例来改变意象。

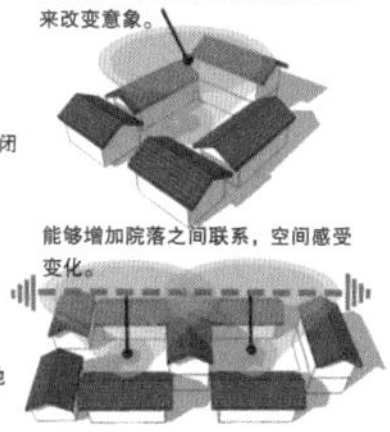

能够增加院落之间联系，空间感受变化。

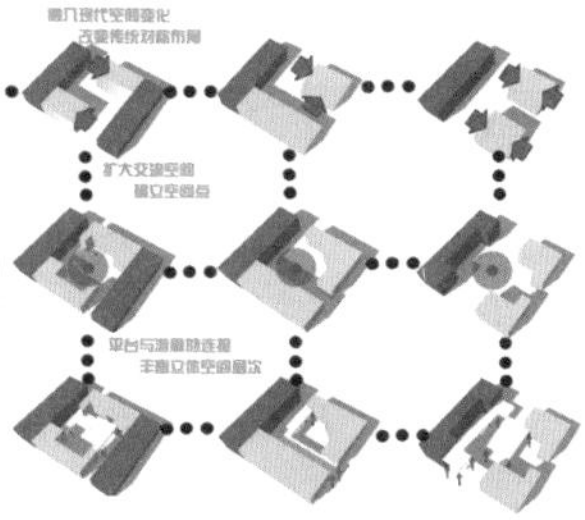
传统四合院
简化示意图
融入现代空间变化
改变传统对称布局
扩大交流空间
建立空间点
平台与游廊的连接
丰富立体空间层次

通过传统的四合院分析而进一步的调整符合现代建筑的空间。

了解四合院的主要目的就是为了营造舒适方便的现代生活

胡同街道设计方式

街道改造综合应用概念

通过改造四合院，原有的以一层为主的建筑改变为不同层数的建筑，街道的视觉感受并会随之改变。

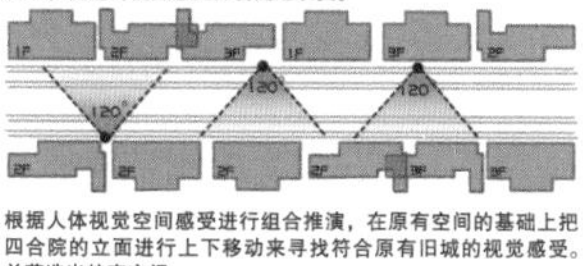
1F
2F
3F
1F
3F
2F
120°
120°
120°
2F
2F
2F
2F
3F
3F

根据人体视觉空间感受进行组合推演，在原有空间的基础上把四合院的立面进行上下移动来寻找符合原有旧城的视觉感受。并营造出特定空间。

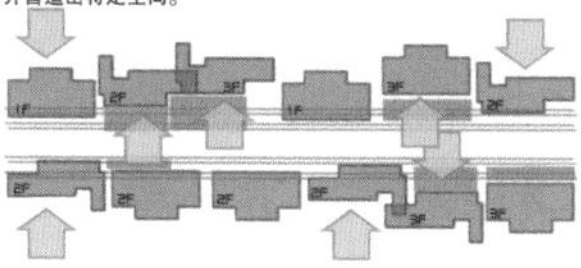
1F
2F
3F
1F
3F
2F
2F
2F
2F
2F
3F
3F

规划平面空间功能融合

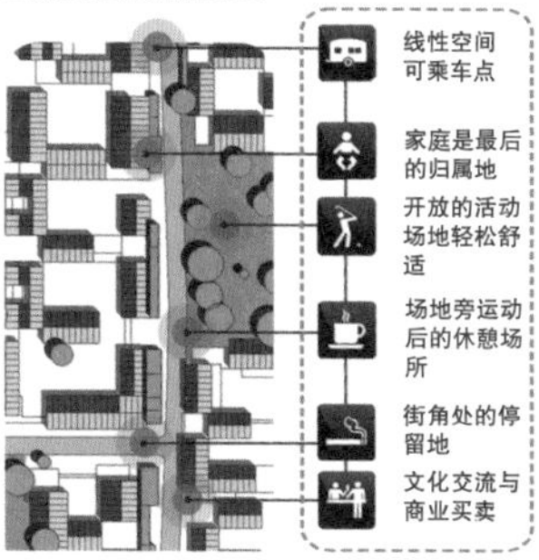
线性空间可乘车点
家庭是最后的归属地
开放的活动场地轻松舒适
场地旁运动后的休憩场所
街角处的停留地
文化交流与商业买卖

胡同空间透视图

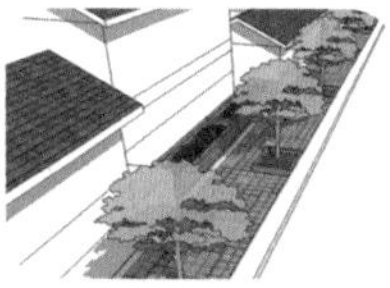

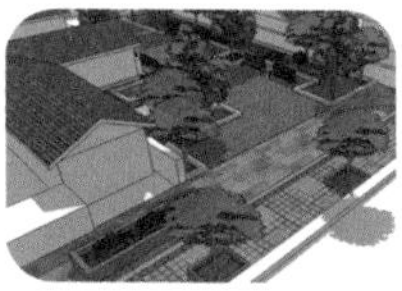

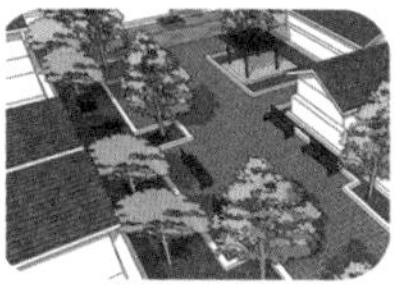

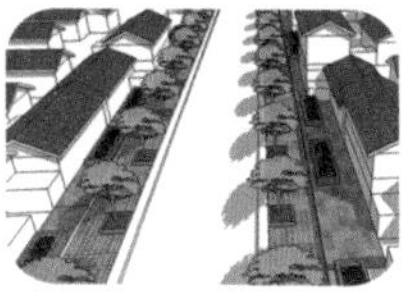

筑·廊——大栅栏居住区有机更新

刘璐、王名（城规 2011 级）

现状分析

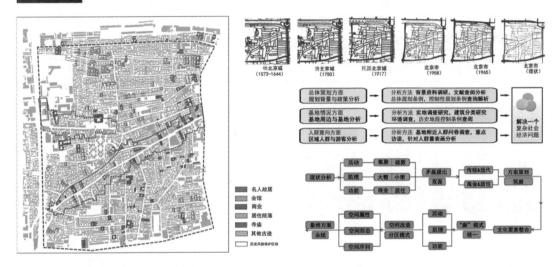

改造模式探讨

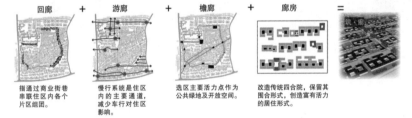

回廊 + 游廊 + 檐廊 + 廊房 = 筑·廊

指通过商业街巷串联住区内各个片区组团。

慢行系统是住区内的主要通道，减少车行对住区影响。

选区主要活力点作为公共绿地及开放空间。

改造传统四合院，保留其围合形式，创造富有活力的居住形式。

改造策略分析

回廊：延续历史肌理

原始肌理要素

场地内道路与建筑肌理明确，从横交错，但沟通不畅，街巷使用混乱，停车无预留。住户为了扩大居住面积，增建建筑常出现侵路情况。这对于肌理的保护，传统建筑的维护产生一定影响

空间开放度比较

街巷肌理

梳理场地肌理

保留部分街道肌理，作为人车混行主要道路。改造部分街道，作为商业街巷串联组团，增加慢行系统设置服务各个居住组团。通街巷肌理的延续，增强街道识别性，提升地块儿活力。

游廊 檐廊：增加活动节点，设置慢行系统

原始活力点

基地内存在多处活力点：多处文保单位和聚集点保护古建筑，提现基地内活力点，设置开放空间，对活力点产生辐射。

空间共享 公众参与

三处主要开放空间设置在道路节点，成为共享空间，可对周围一定范围产生辐射，保留的樱桃斜街、观音寺斜街与其他保留街巷的交叉路口是次级开放空间。居住部分内，分别在步行道路入口设置开放广场及绿地，增强了居住地区的识别性。

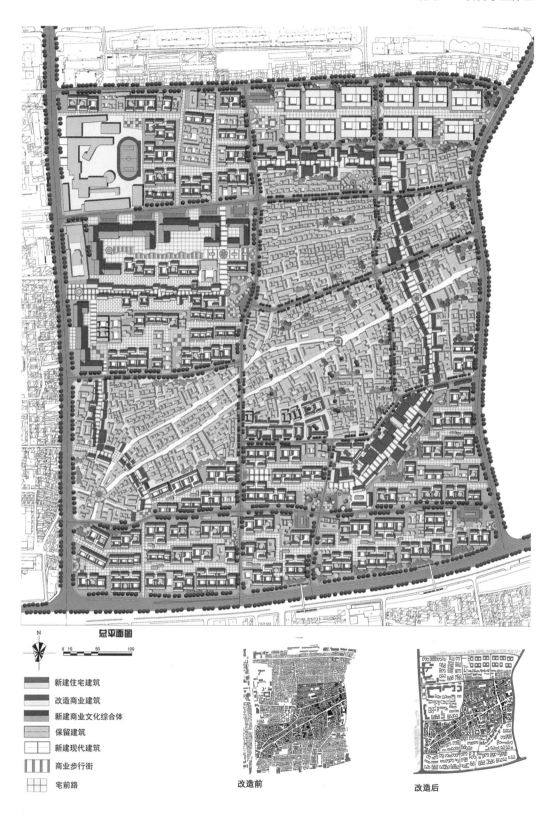

总平面图

0 10   50   100

新建住宅建筑
改造商业建筑
新建商业文化综合体
保留建筑
新建现代建筑
商业步行街
宅前路

改造前

改造后

规划空间结构分析

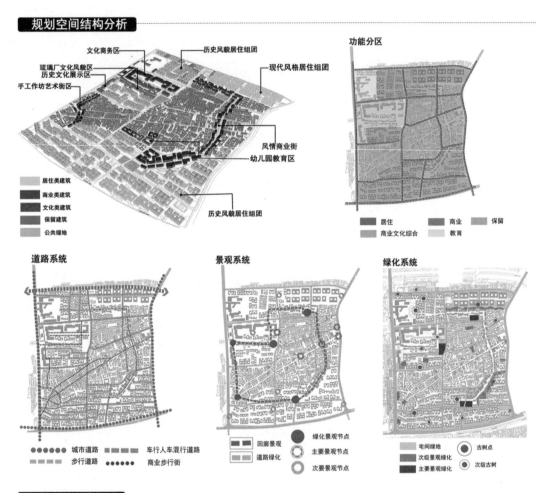

文化商务区
历史风貌居住组团
琉璃厂文化风貌区
历史文化展示区
现代风格居住组团
手工作坊艺术街区

风情商业街
幼儿园教育区

历史风貌居住组团

居住类建筑
商业类建筑
文化类建筑
保留建筑
公共绿地

功能分区

居住　商业　保留
商业文化综合　教育

道路系统

城市道路　车行人车混行道路
步行道路　商业步行街

景观系统

回廊景观　绿化景观节点
道路绿化　主要景观节点
次要景观节点

绿化系统

宅间绿地　古树点
次级景观绿化　次级古树
主要景观绿化

改造解决措施

平面位置	现状肌理特点	开放空间需求	平面形式	改造方案	
				场所改造	最终平面效果
	琉璃厂风貌保护建筑所在区域，文化气氛浓郁，建筑年代久，建筑质量高	结合历史建筑风貌，配合绿地景观，增添活力			
	住宅为主，院落空间局促，缺乏共享街道，缺乏共享空间	维持原有居住功能，增强相对的开放性，确保居住空间活力			
	建筑形态具有特色，肌理延续充分，建筑形式协调区域	扩展商业街道，商建与景观结合，适时对外开放			
	建筑质量差，界面凌乱，位于街区干道交界处	界面整合，加强交通途径，与城市形成融合与共享			

在中间——乌托邦与反乌托邦之间的大栅栏更新
肖祎、冯淼（城规 2011 级）

历史沿革

元大都建立初期，金中都仍有不少街市，称为南城或旧城，新旧城之间人货往来，自发形成了著干由西南斜向东北的商业街市。

清代大栅栏地区是北京最繁华的市井商业区，琉璃厂是最著名的文玩古籍和民间工艺品的市场。

1980 年代末，随着景观的破坏、建筑的陈旧、社会的颓势化，大栅栏昔日的繁华不再。历史上老字号集中、达官贵人频频出入的商业中心逐步退化成普通层次的商业聚集区域。

居民自发的对胡同进行整修和改造，使老住宅在保持传统味道的同时具有新的活力，适应各类居住人群的使用要求。

公元 1271 年 ——— 公元 1403 年 ——— 1636 年 ——— 1949 年 ——— 1980 年 ——— 2008 年 ——— 未来

明永乐时营造北京，在此处新建了几条称为"廊房"的商业街，在斜街以西开设了官办的琉璃窑场，即今日东、西琉璃厂。

新中国成立后，大栅栏一直是北京最主要的商业中心之一。

2008 年，结合前门大街修缮保护改造工程，前门大栅栏地区作为老北京繁华的商业区，很多老店铺都采取前店后厂的经营方式，实现了"商住两用"

内部要素分析

现状分区分析
- 居住区
- 教育区
- 文化区
- 商业街道

基地要素分析
- 餐饮
- 商业
- 名人故居
- 会所
- 庙宇

建筑年代分析
- 明清至民国之前
- 民国至解放前
- 解放后到八十年代
- 八十年代初至今

建筑质量分析
- 一类
- 二类
- 三类

内部道路分析

— 区域内支路 ⋯⋯ 区域步行道

居民出行分析

性质	交通周期	服务范围	出行方式					
			小汽车（％）	出租车（％）	轨道交通（％）	公共汽车（％）	自行车（％）	其他（％）
R 居住	每日	全市	35	10	10	20	15	10
B 商业	每周	城区/全市	15	10	10	30	20	15
W 办公	每日	全市	20	10	10	25	20	15
S 学校	每日/每周	城区	15	10	10	30	20	15
U 基础设施	随时	全市						

空间规划

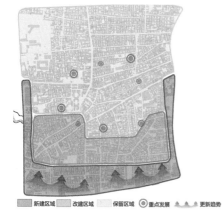

新建区域　改建区域　保留区域　●重点发展　▲▲▲▲更新趋势

拓宽支路

立体交通

总平面图

保留建筑
文保建筑
新建建筑
改造建筑
公共建筑
下层创意廊道
上层创意廊道
建筑宅间绿地
屋顶绿化
区域分散绿地
中心集中绿地
水系景观

1 书画广场
2 戏剧广场
3 运动广场

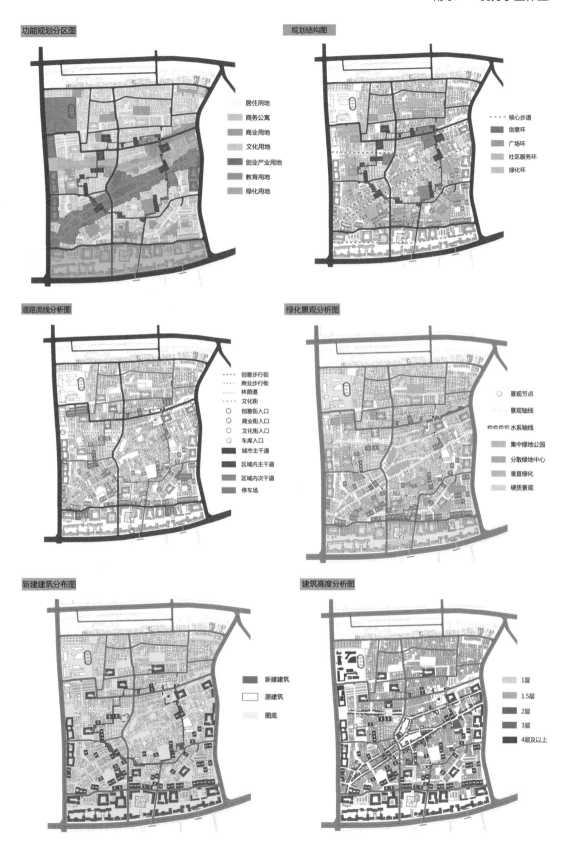

功能规划分区图

居住用地
商务公寓
商业用地
文化用地
创业产业用地
教育用地
绿化用地

规划结构图

核心步道
创意环
广场环
社区服务环
绿化环

道路流线分析图

创意步行街
商业步行街
林荫道
文化街
创意街入口
商业街入口
文化街入口
车库入口
城市主干道
区域内主干道
区域内次干道
停车场

绿化景观分析图

景观节点
景观轴线
水系轴线
集中绿地公园
分散绿地中心
垂直绿化
硬质景观

新建建筑分布图

新建建筑
原建筑
图底

建筑高度分析图

1层
1.5层
2层
3层
4层及以上

组团A

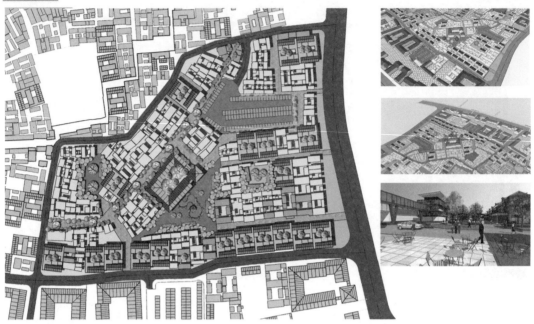

组团B

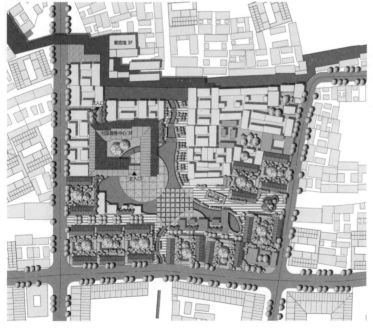

各层户型图

一层

二层

体块构成

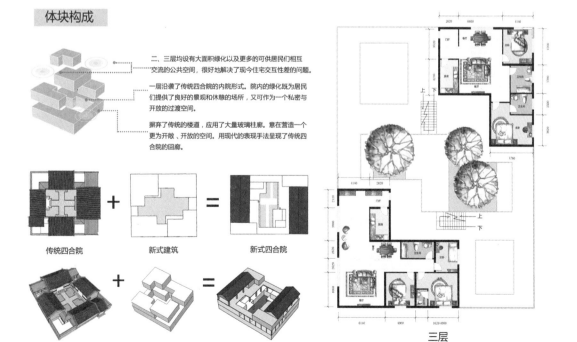

二、三层均设有大面积绿化以及更多的可供居民们相互交流的公共空间，很好地解决了现今住宅交互性差的问题。

一层沿袭了传统四合院的内院形式。院内的绿化既为居民们提供了良好的景观和休憩的场所，又可作为一个私密与开放的过渡空间。

摒弃了传统的楼道，应用了大量玻璃柱廊。意在营造一个更为开敞、开放的空间。用现代的表现手法呈现了传统四合院的回廊。

传统四合院 ＋ 新式建筑 ＝ 新式四合院

三层

Culture Unite Revive Ecological

苏伊莎、王靖雅（城规 2012 级）

区位分析　　　　　内部空间分析

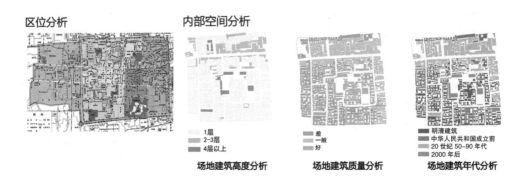

1层
2-3层
4层以上

场地建筑高度分析

差
一般
好

场地建筑质量分析

明清建筑
中华人民共和国成立前
20世纪50~90年代
2000年后

场地建筑年代分析

建筑功能分布图

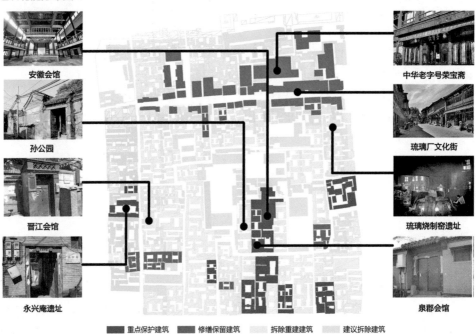

安徽会馆

中华老字号荣宝斋

孙公园

琉璃厂文化街

晋江会馆

琉璃烧制窑遗址

永兴庵遗址

泉郡会馆

■ 重点保护建筑　■ 修缮保留建筑　□ 拆除重建建筑　□ 建议拆除建筑

规划问题分析　　　　　规划概念分析

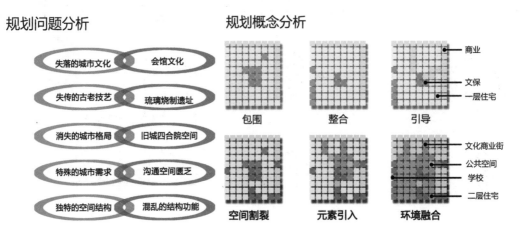

失落的城市文化 ◇ 会馆文化

失传的古老技艺 ◇ 琉璃烧制遗址

消失的城市格局 ◇ 旧城四合院空间

特殊的城市需求 ◇ 沟通空间匮乏

独特的空间结构 ◇ 混乱的结构功能

包围　　　整合　　　引导

商业
文保
一层住宅

空间割裂　　元素引入　　环境融合

文化商业街
公共空间
学校
二层住宅

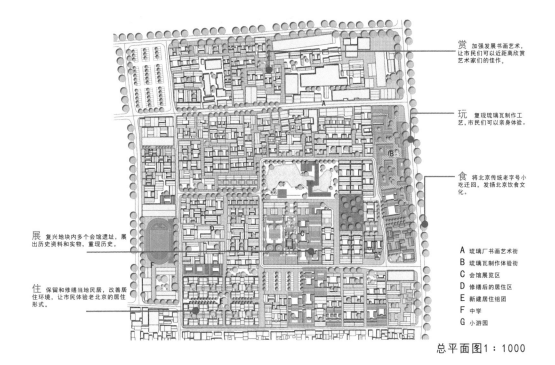

赏 加强发展书画艺术，让市民们可以近距离欣赏艺术家们的佳作。

玩 复现琉璃瓦制作工艺，市民们可以亲身体验。

食 将北京传统老字号小吃迁回，发扬北京饮食文化。

展 复兴地块内多个会馆遗址，展出历史资料和实物，重现历史。

住 保留和修缮当地民居，改善居住环境，让市民体验老北京的居住形式。

A 琉璃厂书画艺术街
B 琉璃瓦制作体验街
C 会馆展览区
D 修缮后的居住区
E 新建居住组团
F 中学
G 小游园

总平面图1：1000

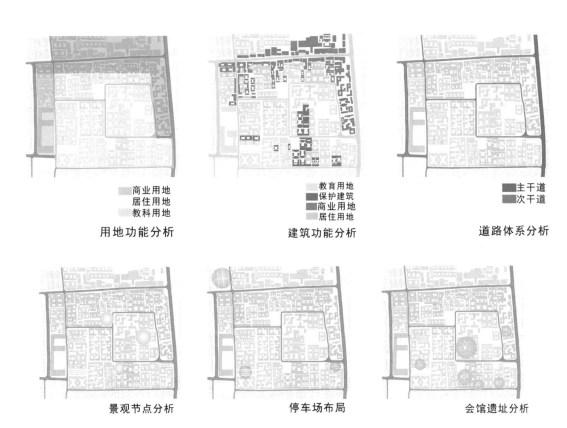

商业用地
居住用地
教科用地

用地功能分析

教育用地
保护建筑
商业用地
居住用地

建筑功能分析

主干道
次干道

道路体系分析

景观节点分析

停车场布局

会馆遗址分析

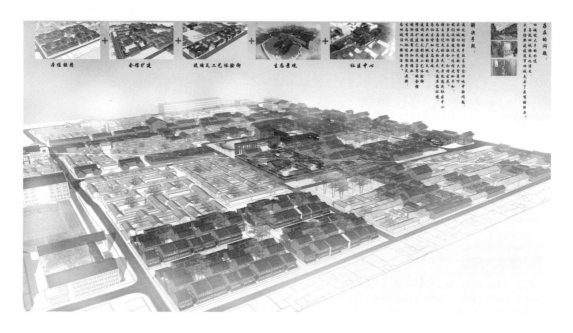

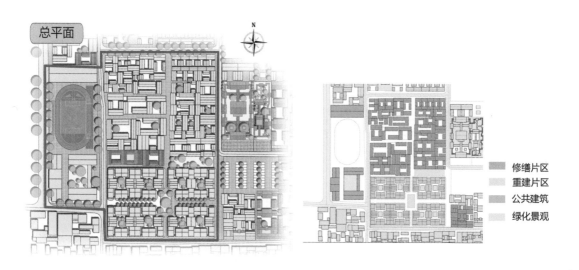

修缮片区
重建片区
公共建筑
绿化景观

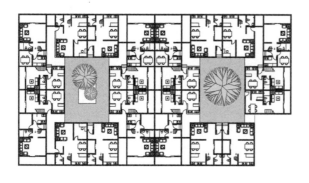

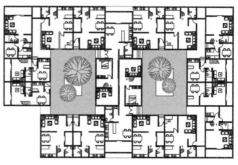

户型图

经济技术指标

建筑面积：128m²
套内面积：109.2m²
阳台面积：11.4m²
户型数量：10

一层平面图 1:100
二层平面图 1:100
户型1

经济技术指标

建筑面积：132.4m²
套内面积：126m²
阳台面积：0m²
户型数量：32

一层平面图 1:100
二层平面图 1:100
户型2

经济技术指标

建筑面积：128m²
套内面积：109.2m²
阳台面积：11.4m²
户型数量：10

一层平面图 1:100
二层平面图 1:100
户型3

一层平面图 1:100
二层平面图 1:100

经济技术指标

建筑面积：215.8m²
套内面积：197.5m²
阳台面积：15m²
户型数量：4

会馆扩建与生态景观平面

生态景观平面图

会馆平面图

会馆扩建范围

效果展示

会馆局部透视图

整体透视图

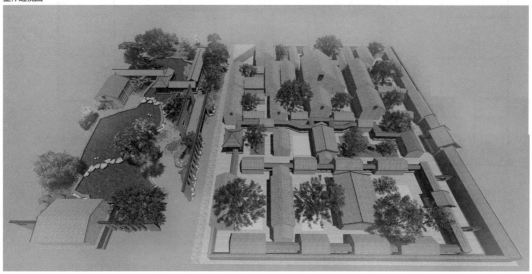

"焕"醒

计珂然、孙雨晨、田东振、王碧晨、徐宁晗、于扬、张可心（城规 2012 级）

北京市城市规划委员会"诗意地行走！——北京城市街道环境改善设计竞赛"优胜奖

设计说明

到过前门煤市街的人都经历过——在狭窄的人行道上绕过自行车，绕过汽车，在绕过各种市政设施，走着 S 形曲线，穿梭在拥挤的人群中。

由于北京过大的用地压力及交通压力，导致煤市街街道空间混乱无序，行人享用的公共空间质量较低。同时在旧城改造过程中造成街道风貌的历史文化气息淡化。

本次设计力求站在行人的角度去审视和思考街道空间的形态，创造诗意的行走空间。改造旧街道，建设古文化街；利用小型开放空间及边角空间设置多个绿化节点，为当地居民及游客提供休息娱乐的公共空间；改造市政的设施，使街道整洁便于通行，且在一定程度上进行外立面改造，还原历史文化气息，使之与整体建筑风格相统一。

街道肌理演变

清时期煤市街及附近道路肌理
【1683—1840】

清朝中期以后，煤市街逐渐发展成为美食一条街。明清时期这里是沟通金水河与护城河的水道，其上架有石桥，因通向煤市街而称为煤市桥。

民国时期煤市街及附近道路肌理
【1912—1949】

民国基本维持原有道路形式。

奥运改造前煤市街及附近道路肌理
【 —2005】

为迎接2008年北京奥运会，配合前门大街的改造，煤市街向北延种至前门月亮湾。此次改造煤市街长度为1045米、路宽25米。

目前煤市街及附近道路肌理
【2007— 】

煤市街建设中央轴线，围绕主路段发散商业店铺。

■ 煤市街地区保护单位现状图

解析：规划区内建筑排布密集，体量某些道路较窄小，由于此规划区具有较好的历史文化性，存在许多保护单位、保护院落、名人故居等。

■ 煤市街地区建筑高度现状图

■ 大栅栏地区道路现状图

解析：规划区及其周边有两条城市主干道，位于煤市街两端。次干道和支路成血管状分布在地块区域内。

■ 煤市街地区交通现状图

煤市街市政设施现状图
Meishistreet municipal facilities status chart

---------- 行人步行流线
■ 派接器箱　■ 箱式变压器　▲ 开闭器
◎ 公交车站　☆ 交通灯　■ 交接箱

边角空间的利用

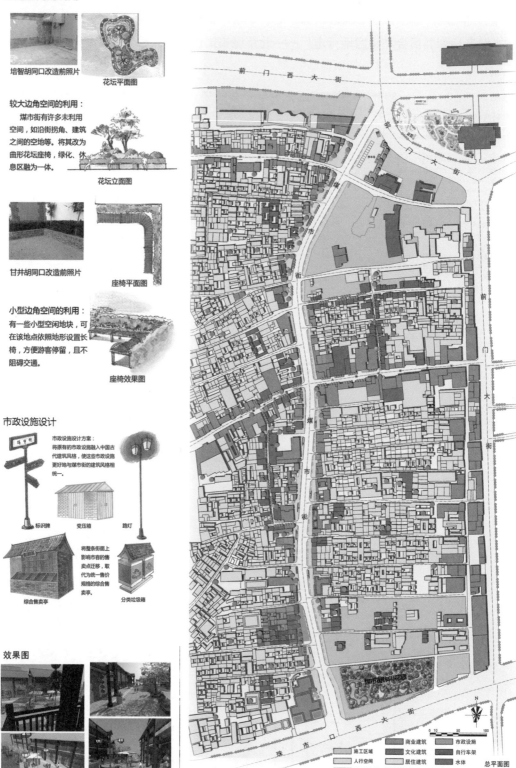

培智胡同口改造前照片

花坛平面图

较大边角空间的利用：

煤市街有许多未利用空间，如沿街拐角、建筑之间的空间等。将其改为曲形花坛座椅，绿化、休息区融为一体。

花坛立面图

甘井胡同口改造前照片

座椅平面图

小型边角空间的利用：

有一些小型空闲地块，可在该地点依照地形设置长椅，方便游客停留，且不阻碍交通。

座椅效果图

市政设施设计

市政设施设计方案：

将原有的市政设施融入中国古代建筑风格，使这些市政设施更好地与煤市街的建筑风格相统一。

标识牌   变压箱   路灯

将整条街面上影响市容的售卖点迁移，取代为统一售价规格的综合售卖亭。

综合售卖亭   分类垃圾箱

效果图

前门西大街

前门大街

煤市街

前门大街

珠市口西大街

总平面图

施工区域   商业建筑   市政设施
人行空间   文化建筑   自行车架
地下停车场   居住建筑   水体
公园铺地   绿化

市政设施及空间改造

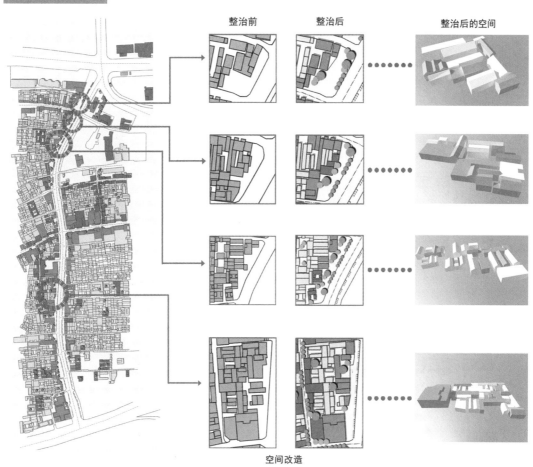

整治前　　整治后　　　整治后的空间

空间改造

煤市街全景鸟瞰图

煤市街改造后街景效果图

小型开放空间2改造

施家胡同休息亭改造

电箱梅花桩改造

地下停车场设计

小型开放空间1改造

前门小广场设计

在前门与煤市街的交界处设置一个花园节点，与煤市街南部的节点相互呼应。同时使正阳门附近景色更加优美。

煤市街休闲花园设计

为了增强整个煤市街的节点性和娱乐性，在煤市街与珠市口大街交界的地方设置一个花园，供行人出去或进入时的休憩娱乐场所。

●——— 煤市街节点设计

宜居畅想——前孙公园胡同改造设计

刘玥、张若楠、倪乐、李婷、李嘉鸿（城规 2014 级）

北京市西城区历史文化名城保护委员会"西城区街区、胡同公共空间创意设计方案征集（及概念大赛）"最具潜力概念奖

区位分析

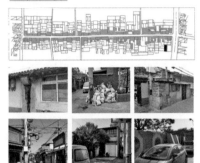

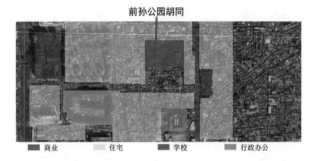

前孙公园胡同

商业　　住宅　　学校　　行政办公

前孙公园胡同位于宣武门东北，南新华街西侧，分前孙公园和后孙公园两条胡同。因孙承泽花园得名。乾隆时称孙公园。光绪时称后孙公园。民国时沿用。

现状分析

图底关系

院落内建筑距离较近，而且朝向不统一，容易影响采光。

道路分析

城市支路
较窄道路
较宽道路

较宽道路大概3m左右，只能供单行车辆通行，较窄道路就只供人通行了。

公共空间

公共空间

公共空间较少，而且面积都非常小，还有的空地已经变成停车的地方，胡同里的老人只能坐在路边聊天，没有专门的活动空间。

建筑质量

较新建筑
老旧建筑

街面建筑外表被粉刷过，也有的建筑被修缮过，有私搭乱建的情况，建筑层数不统一。

绿化分析

绿化点

绿化比较少，走在胡同里非常晒，没有乘凉的行道树。绿化空间也多在院子里。

功能分区

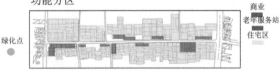

商业
老年服务站
住宅区

大部分为住宅区，临街有小型商业，基本为小卖部只有一个老年服务站。

节点分析

主要节点　　人流源

人群分析

	人群介绍	居住方式	现存问题	所需空间
游客	此地区旅游业不发达，游客较少	短时间居住	周围无有特色的旅馆，均为快捷酒店	具有特色的餐饮或旅店
务工者	受玻璃厂影响有许多多来打工者居住在此	长时间租住	周围交通不便，离地铁和娱乐场所较远	舒适居住环境
居民	当地居民以老人为主	长时间居住	没有公共空间供居民活动	绿化较多的公共空间
经营者	当地商人，经营临街小商铺	长时间居住在此或附近	近几年客流均没有增加	适宜街道环境和公共空间

规划分析图

功能分析

拆除了部分破旧不堪、质量较差的建筑，居住功能基本不变，休闲功能的空间相应增加。

道路交通分析

前孙公园胡同的宽度稍稍增加，并将鱼骨状的道路肌理延续下来。

开放空间分析

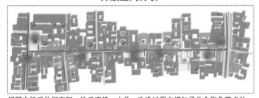

胡同内缺乏休闲空间，缺乏座椅、小品，改造过程中增加了几个街角节点处的休闲空间，使胡同连续性增强。

景观绿化分析

胡同两侧均增加了绿化带，并在广场上结合休闲座椅布置绿化节点，提升空间的舒适性，更方便人停留。

更新改造分析

沿街商业是重点改造区域，居住院落特别是重点保护院落基本保留，改建的部分包括私搭滥建的建筑和较旧需要更新的建筑。

建筑肌理分析

建筑肌理基本延续，保留了居民原有的生活环境。

空间分析

节点分析

汇聚点　种植土丘　覆土建筑

下沉广场　私密空间　交流空间

野餐　车行道　活动空间

人在活动广场上可以进行散步放风筝等活动

人在景墙前面进行绘画创作

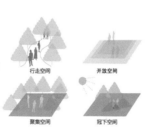
行走空间　开放空间
聚集空间　冠下空间

设计说明

　　本次设计的区位位于西城区老旧城区内，有着独特的胡同肌理，所以从文化传承的角度来看，城市肌理的保护非常有必要。我们在调查了前孙公园胡同的现状之后，发现了胡同中现在存在的一些问题，进行了改造。

　　拆除了一些违章搭建使得道路拓宽，增加了街边绿化；还添加了一些广场，使改造的胡同更加适宜居住、活动和游憩；停车场，可以使得周边城市道路的机动车停放不占用胡同内部的空间；社区文化中心，胡同内部的居民需要的一些管理部门；自行车停放处，在调研的过程中，胡同内部的居民普遍反映在共享单车普及了以后，胡同内就经常有乱停车现象，所以设置自行车停放点可以有效的改善这一现象；商业也比之前的更加规整，人们可以在胡同的内部进行日常必需品的购买。

规划平面图

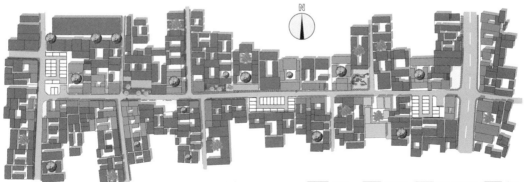

总平面图1：800

四合院　保护院落　栗家园社区文化　商业
市政设施　拆迁区域　活动中心

垂直绿化改造

水生植物
水生地被
雨水流溢口
溢流出水通道

雨水花园

局部更新改造设计

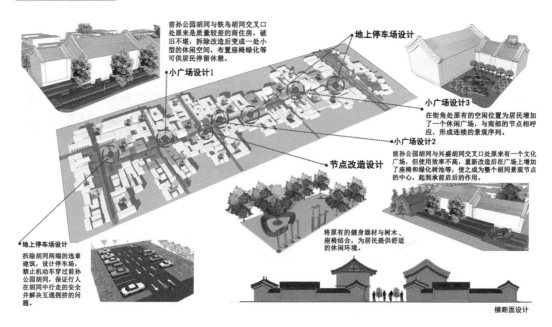

前孙公园胡同与铁鸟胡同交叉口处原来是质量较差的商住房，破旧不堪，拆除改造后变成一处小型的休闲空间，布置座椅绿化等可供居民停留休憩。

小广场设计1

地上停车场设计

小广场设计3
在街角处原有的空闲位置为居民增加了一个休闲广场，与南部的节点相呼应，形成连续的景观序列。

小广场设计2

前孙公园胡同与兴盛胡同交叉口处原来有一个文化广场，但使用效率不高，重新改造后在广场上增加了座椅和绿化树池等，使之成为整个胡同景观节点的中心，起到承前启后的作用。

节点改造设计

将原有的健身器材与树木、座椅结合，为居民提供舒适的休闲环境。

地上停车场设计
拆除胡同两端的违章建筑，设计停车场，禁止机动车穿过前孙公园胡同，保证行人在胡同中行走的安全并解决互通拥挤的问题。

横断面设计

胡同鸟瞰图

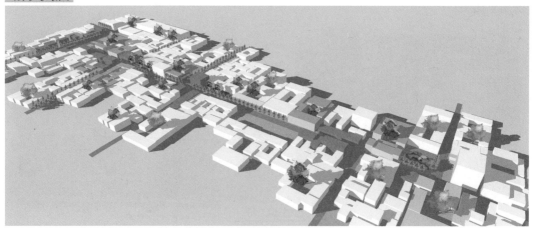

宣南旧事——胡同改造之报业复兴

刘子琦、陈芳圆、常馨靓（城规 2014 级）

北京市西城区历史文化名城保护委员会"西城区街区、胡同公共空间创意设计方案征集（及概念大赛）"最具潜力概念奖。

设计说明
发掘琉璃厂地区的报业文化，在魏染胡同和南柳巷胡同设置印刷体验馆、博物馆等游览参观区域。街道整体改造设计中加入公共半室外休闲空间，复原部分重要的报社遗址。

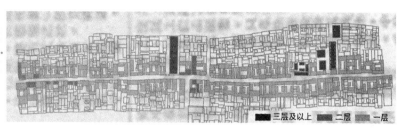

三层及以上　二层　一层

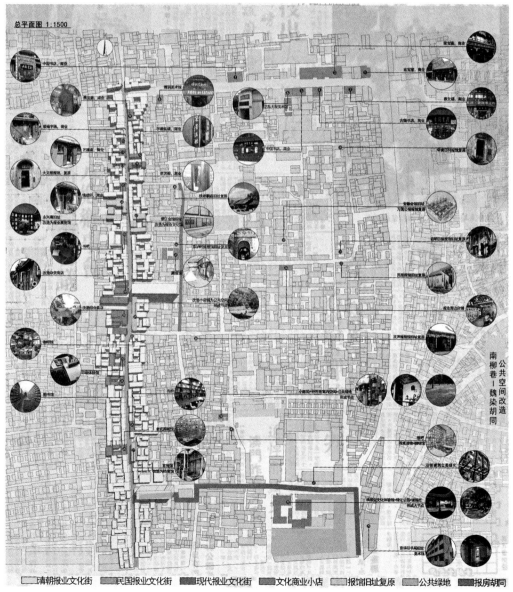

清朝报业文化街　民国报业文化街　现代报业文化街　文化商业小店　报馆旧址复原　公共绿地　报房胡同

宣南旧事——胡同改造之报业复兴

文化触媒点派生

公园节点

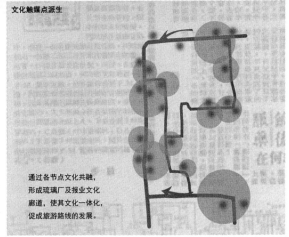

通过各节点文化共融，形成琉璃厂及报业文化廊道，使其文化一体化，促成旅游路线的发展。

信息亭　表演舞台　VR体验馆　休闲茶座　读报栏　信息亭

建立生态绿化公园，弥补旧城绿化及公共空间的缺失。

公园容纳各种社会活动，读报、运动、表演、散步、交谈。

吸引多样人群，创造休闲交往空间，形成重要节点。

附录二 | 国内外历史街区保护文件选编

国际现代建筑协会《雅典宪章》(1933)(节选)

[国际现代建筑协会（CIAM）第四次会议于 1933 年 8 月在雅典通过]

城市的历史文化遗产

本次规划拟对整个地段进行综合调查研究，并对其中的居住区进行规划设计，要求在分析规划用地现状及周边历史街区保护规划的基础上，着重思考传统历史街区环境中的居住区的有机更新，将其改建为符合当地人生活方式，有着良好的居住环境，便利的公共服务设施，充足的公共活动空间和良好绿化景观的居住社区。并处理好与商业街区之间的关系，以及与地段内保护建筑之间的关系，营建既有传统居住氛围和宜人尺度，又能满足现代人需要的居住环境。

65. 有历史价值的古建筑应保留，无论是建筑单体还是城市片区。

城市的布局和建筑结构塑造了城市的个性，孕育了城市的精魂，使城市的生命力得以在数个世纪中延续。它们是城市的光辉历史与沧桑岁月最宝贵的见证者，应该得到尊重。这首先是因为它们凝聚着历史或情感价值；其次，它们传达出一种融汇着人类所有智慧结晶的可塑特征。它们是人类遗产的一部分，任何拥有它们的人都有责任、有义务尽其所能地保护它们，保证这些珍贵的遗产完好无损、世代流传。

66. 代表某种历史文化并引起普遍兴趣的建筑应当保留。

永生是不可能的，人类的创造物也不能例外。面对时间的物质痕迹，我们应该判断哪些仍具有真正的活力和价值，而不是把整个过去全盘保留。假如保留一处古迹将与城市的当前利益相冲突，我们就必须寻求一个两全之策。在某种旧式建筑大量存在的情况下，可以有选择地保留作为纪念，而其他建筑可以清除；有时只需保留建筑中真正具有价值的部分，并加以适当修缮；在某些特殊情况下，对极具美学和历史价值却位置不当的名胜，可以考虑整体迁移。

67. 历史建筑的保留不应妨害居民享受健康生活条件的要求。

我们决不能由于因循守旧而忽视社会公平的原则。有些人重视美感胜过社会的整体利益，他们为了保留某处独特的旧区而不顾其可能孳生的贫穷、混乱和疾病，这些人应该对所有这些痼疾负责。对于这样的问题，我们应当深入研究，以获得巧妙的解决方案。无论如何，我们对古迹的珍爱都不能凌驾于居住环境利益之上，这直接关系到个人的福利与身心健康。

68. 不仅要治标，还要治本，譬如应尽量避免干道穿行古建筑区，甚至采取大动作转移某些中心区。

城市的扩张一旦失控，必将陷入危险的僵局，退路已无，似乎只有把某些地方夷为平地才能消除障碍。然而当遇到极具建筑、历史和精神价值的遗产时，我们显然不得不另求良方。我们不能移除建筑以适应交通，但可以令道路转向，有条件的话还可以从地下穿过。还有一种选择，就是将密集的交通中心转移别处，以彻底改变整个区域拥堵的交通状况。为了理清这些千丝万缕的头绪，我们需要综合、充分地利用一切想象力、创造力和技术资源。

69. 可以清除历史性纪念建筑周边的贫民窟，并将其改建成绿地。

有时候，清除卫生状况较差的房屋和贫民窟可能会破坏古老的氛围，这很可惜，但却是不可避免的。以绿地取代这些旧建筑，将对环境大有裨益。设想，岁月的旧迹被笼罩在全新的，甚至是新奇的氛围之中——这毕竟是一种舒适的氛围，能给邻近的地区带来数不尽的好处。

70. 借着美学的名义在历史性地区建造旧形制的新建筑，这种做法有百害而无一利，应及时制止。

这样的方式恰是与传承历史的宗旨背道而驰的。时间永是流逝，绝无逆转的可能，而人类也不会再重蹈过去的覆辙。那些古老的杰作表明，每一个时代都有其独特的思维方式、概念和审美观，因此产生了该时代相应的技术，以支持这些特有的想象力。倘若盲目机械地模仿旧形制，必将导致我们误入歧途，发生根本方向上的错误，因为过去的工作条件不可能重现，而用现代技术堆砌出来的旧形制，至多只是一个毫无生气的幻影罢了。这种"假"与"真"的杂糅，不仅不能给人以纯粹风格的整体印象，作为一种矫揉造作的模仿，它还会使人们在面对至真至美时，却无端产生迷茫和困惑。

《关于古迹遗址保护与修复的国际宪章（威尼斯宪章）》（1964）

（第二届历史古迹建筑师及技师国际会议于 1964 年 5 月 25 日—31 日在威尼斯通过）

人民世世代代的历史文物建筑，饱含着从过去的年月传下来的信息，是人民千百年传统的活的见证。人民越来越认识到人类各种价值的统一性，从而把古代的纪念物看作共同的遗产。大家承认，为子孙后代而妥善地保护它们是我们共同的责任。我们必须一点不走样地把它们的全部信息传下去。

绝对有必要为完全保护和修复古建筑建立国际公认的原则，每个国家有义务根据自己的文化和传统运用这些原则。

1933 年的雅典宪章，第一次规定了这些基本原则，促进了广泛的国际运动的发展。这个运动落实在各国的文件里，落实在历史古迹建筑师及技师国际会议（ICOM）的工作里，落实在联合国教科文组织的工作以及它的建立文物的完全保护和修复的国际研究中心（ICCROM）里。人们越来越注意到，问题正在继续不断地变得更加复杂多样，并展开了紧急研究。于是，有必要重新检查宪章，彻底研究一下它所包含的原则，并且在一份新的文件里扩大它的范围。

为此，第二届历史古迹建筑师及技师国际会议，于 1964 年 5 月 25 日至 31 日在威尼斯开会，通过了以下的决定：

定义

第一条　历史古迹的要领不仅包括单个建筑物，而且包括能从中找出一种独特的文明、一种有意义的发展或一个历史事件见证的城市或乡村环境。这不仅适用于伟大的艺术作品，而且亦适用于随时光逝去而获得文化意义的过去一些较为朴实的艺术品。

第二条　古迹的保护与修复必须求助于对研究和保护考古遗产有利的一切科学技术。

宗旨

第三条　保护与修复古迹的目的旨在把它们既作为历史见证，又作为艺术品予以保护。

保护

第四条　古迹的保护至关重要的一点在于日常的维护。

第五条　为社会公用之目的使用古迹永远有利于古迹的保护。因此，这种使用合乎需要，但决不能改变该建筑的布局或装饰。只有在此限度内才可考虑或允许因功能改变而需做的改动。

第六条　古迹的保护包含着对一定规模环境的保护。凡传统环境存在的地方必须予以保存，决不允许任何导致改变主体和颜色关系的新建、拆除或改动。

第七条　古迹不能与其所见证的历史和其产生的环境分离。除非出于保护古迹之需要，或因国家或国际之极为重要利益而证明有其必要，否则不得全部或局部搬迁古迹。

第八条　作为构成古迹整体一部分的雕塑、绘画或装饰品，只有在非移动而不能确保其保存的唯一办法时方可进行移动。

修复

第九条　修复过程是一个高度专业性的工作，其目的旨在保存和展示古迹的美学与历史价值，并以尊重原始材料和确凿文献为依据。一旦出现臆测，必须立即予以停止。此外，即使如此，任何不可避免的添加都必须与该建筑的构成有所区别，并且必须要有现代标记。无论在任何情况下，修复之前及之后必须对古迹进行考古及历史研究。

第十条　当传统技术被证明为不适用时，可采用任何经科学数据和经验证明为有效的现代建筑及保护技术来加固古迹。

第十一条　各个时代为一古迹之建筑物所做的正当贡献必须予以尊重，因为修复的目的不是追求风格的统一。当一座建筑物含有不同时期的重叠作品时，揭示底层只有在特殊情况下，在被去掉的东西价值甚微，而被显示的东西具有很高的历史、考古或美学价值，并且保存完好足以说明这么做的理由时才能证明其具有正当理由。评估由此涉及的各部分的重要性以及决定毁掉什么内容不能仅仅依赖于负责此项工作的个人。

第十二条　缺失部分的修补必须与整体保持和谐，但同时须区别于原作，以使修复不歪曲其艺术或历史见证。

第十三条　任何添加均不允许，除非它们不至于贬低该建筑物的有趣部分、传统环境、布局平衡及其与周围环境的关系。

第十四条　古迹遗址必须成为专门照管对象，以保护其完整性，并确保用恰当的方式进行清理和开放。在这类地点开展的保护与修复工作应得到上述条款所规定之原则的鼓励。

发掘

第十五条　发掘应按照科学标准和联合国教育、科学及文化组织 1956 年通过的适用于考古发掘国际原则的建议予以进行。遗址必须予以保存，并且必须采取必要措施，永久地保存和保护建筑风貌及其所发现的物品。此外，必须采取一切方法促进对古迹的了解，使它得以再现而不曲解其意。然而对任何重建都应事先予以制止，只允许重修，也就是说，把现存但已解体的部分重新组合。所用黏结材料应永远可以辨别，并应尽量少用，只需确保古迹的保护和其形状的恢复之用便可。

出版

第十六条　一切保护、修复或发掘工作永远应有用配以插图和照片的分析及评论报告这一形式所做的准确的记录。清理、加固、重新整理与组合的每一阶段，以及工作过程中所确认的技术及形态特征均应包括在内。这一记录应存放于一公共机构的档案馆内，使研究人员都能查到。该记录应建议出版。

《关于历史地区的保护及其当代作用的建议（内罗毕建议）》（1976）

（联合国教育、科学及文化组织大会第十九届会议于 1976 年 11 月 26 日在内罗毕通过）

一. 定义

1. 为本建议之目的

（1）"历史和建筑（包括本地的）地区"是指包含考古和古生物遗址的任何建筑群、结构和空旷地，它们构成城乡环境中的人类居住地，从考古、建筑、史前史、历史、艺术和社会文化的角度看，其凝聚力和价值已得到认可。在这些性质各异的地区中，可特别划分为以下各类：史前遗址、历史城镇、老城区、老村庄、老村落以及相似的古迹群。不言而喻，后者通常应予以精心保护，维持不变。

（2）"环境"是指影响观察这些地区的动静态方法的自然或人工的环境。

（3）"保护"是指对历史或传统地区及其环境的鉴定、保护、修复、修缮、维修和复原。

二. 总则

2. 历史地区及其环境应被视为不可替代的世界遗产的组成部分。其所在国政府和公民应把保护该遗产并使之与我们时代的社会生活融为一体作为自己的义务。国家、地区或地方当局应根据各成员国关于权限划分的情况，为全体公民和国际社会的利益，负责履行这一义务。

3. 每一历史地区及其周围环境应从整体上视为一个相互联系的统一体，其协调及特性取决于它的各组成部分的联合，这些组成部分包括人类活动、建筑物、空间结构及周围环境。因此一切有效的组成部分，包括人类活动，无论多么微不足道，都对整体具有不可忽视的意义。

4. 历史地区及其周围环境应得到积极保护，使之免受各种损坏，特别是由于不适当的利用、不必要的添建和诸如将会损坏其真实性的错误的或愚蠢的改变而带来的损害，以及由于各种形式的污染而带来的损害。任何修复工程的进行应以科学原则为基础。同样，也应十分注意组成建筑群并赋予各建筑群以自身特征的各个部分之间的联系与对比所产生的和谐与美感。

5. 在导致建筑物的规模和密度大量增加的现代城市化的情况下，历史地区除了遭受直接破坏的危险外，还存在一个真正的危险：新开发的地区会毁坏临近的历史地区的环境和特征。建筑师和城市规划者应谨慎从事，以确保古迹和历史地区的景色不致遭到破坏，并确保历史地区与当代生活和谐一致。

6. 当存在建筑技术和建筑形式的日益普遍化可能造成整个世界的环境单一化的危险时，保护历史地区能对维护和发展每个国家的文化和社会价值做出突出贡献。这也有助于从建筑上丰富世界文化遗产。

三. 国家、地区和地方政策

7. 各成员国应根据各国关于权限划分的情况制定国家、地区和地方政策，以便使国家、地区和地方当局能够采取法律、技术、经济和社会措施，保护历史地区及其周围环境，并使之适应于现代生活的需要。由此制定的政策应对国家、地区或地方各级的规划产生影响，并为各级城市规划，以及地区和农村发展规划，为由此而产生的共同构成制定目标和计划重要组成部分的活动、责任分配以及实施行为提供指导。在执行保护政策时，应寻求个人和私人协会的合作。

四. 保护措施

8. 历史地区及其周围环境应按照上述原则和以下措施予以保护，具体措施应根据各国立法和宪法权限以及各国组织和经济结构来决定。

■立法及行政措施

9. 保护历史地区及其周围环境的总政策之适用应基于对各国整体有效的原则。各成员国应修改现有规定，或必要时，制定新的法律和规章以便参照本章及下列章节所述之规定，确保对历史地区及其周围环境的保护。它们应鼓励修改或采取地区或地方措施以确保此种保护。有关城镇和地区规划以及住宅政策的法律应予以审议，以便使它们与有关保护建筑遗产的法律相协调、相结合。

10. 关于保护历史地区的制度的规定应确立关于制订必要的计划和文件的一般原则，特别是：适用于保护地区及其周围环境的一般条件和限制；关于为保护和提供公共服务而制定的计划和行动说明；将要进行的维护工作并为此指派负责人；适用于城市规划，再开发以及农村土地管理的区域；指派负责审批任何在保护范围内的修复、改动、新建或拆除的机构；保护计划得到资金并得以实施的方式。

11. 保护计划和文件应确定：

被保护的区域和项目；

对其适用的具体条件和限制；

在维护、修复和改进工作中所应遵守的标准；

关于建立城市或农村生活所需的服务和供应系统的一般条件；

关于新建项目的条件。

12．原则上，这些法律也应包括旨在防止违反保护法的规定，以及防止在保护地区内财产价值的投机性上涨的规定，这一上涨可能危及为整个社会利益而计划的保护和维修。这些规定可以包括提供影响建筑用地价格之方法的城市规划措施，例如：设立邻里区或制定较小型的开发计划，授予公共机构优先购买权、在所有人不采取行动的情况下，为了保护、修复或自动干预之目的实行强制购买。这些规定可以确定有效的惩罚，如：暂停活动、强制修复和适当的罚款。

13．个人和公共当局有义务遵守保护措施。然而，也应对武断的或不公正的决定提供上诉的机制。

14．有关建立公共和私人机构以及公共和私人工程项目的规定应与保护历史地区及其周围环境的规定相适应。

15．有关贫民区的房产和街区以及有补贴住宅之建设的规定，尤其应本着符合并有助于保护政策的目的予以制订或修改。因此，应拟定并调整已付补贴的计划，以便专门通过修复古建筑推动有补贴的住宅建筑和公共建设的发展。在任何情况下，一切拆除应仅限于没有历史或建筑价值的建筑物，并对所涉及的补贴应谨慎予以控制。另外，应将专用于补贴住宅建设的基金拨出一部分，用于旧建筑的修复。

16．有关建筑物和土地的保护措施的法律后果应予以公开并由主管官方机构作出记录。

17．考虑到各国的具体条件以及各个国家、地区和地方当局的责任划分，下列原则应构成保护机制运行的基础：

（1）应设有一个负责确保长期协调一切有关部门，如国家、地区和地方公共部门或私人团体的权力机构；

（2）跨学科小组一旦完成了事先一切必要的科学研究后，应立即制订保护计划和文件，这些跨学科小组特别应由以下人员组成：保护和修复专家，包括艺术史学家；建筑师和城市规划师；社会学家和经济学家；生态学家和风景建筑师；公共卫生和社会福利的专家；并且更广泛地说，所有涉及历史地区保护和发展学科方面的专家；

（3）这些机构应在传播有关民众的意见和组织他们积极参与方面起带头作用；

（4）保护计划和文件应由法定机构批准；

（5）负责实施保护规定和规划的国家、地区和地方各级公共当局应配有必要的工作人员和充分的技术、行政管理和财政来源。

■技术、经济和社会措施

18．应在国家、地区或地方一级制订保护历史地区及其周围环境的清单。该清单应确定重点，以使可用于保护的有限资源能够得到合理的分配。需要采取的任何紧急保护措施，不论其性质如何，均不应等到制订保护计划和文件后再采取。

19．应对整个地区进行一次全面的研究，其中包括对其空间演变的分析。它还应包括考古、历史、建筑、技术和经济方面的数据。应制订一份分析性文件，以便确定哪些建筑物或建筑群应予以精心保护、哪些应在某种条件下予以保存，哪些应在极例外的情况下经全面记录后予以拆毁。这将能使有关当局下令停止任何与本建议不相符合的工程。此外，出于同样目的，还应制订一份公共或私人开阔地及其植被情况的清单。

20．除了这种建筑方面的研究外，也有必要对社会、经济、文化和技术数据与结构以及更广泛的城市或地区联系进行全面的研究。如有可能，研究应包括人口统计数据以及对经济、社会和文化活动的分析、生活方式和社会关系、土地使用问题、城市基础设施、道路系统、通信网络以及保护区域与其周围地区的相互联系。有关当局应高度重视这些研究并应牢记没有这些研究，就不可能制订出有效的保护计划。

21．在完成上述研究之后，并在保护计划和详细说明制订之前，原则上应有一个实施计划，其中既要考虑城市规划、建筑、经济和社会问题，又要考虑城乡机构吸收与其具体特点相适应的功能的能力。实施计划应在使居住密度达到理想水平，并应规定分期进行的工作及其进行中所需的临时住宅，以及为那些无法重返先前住所的居民提供永久性的住房。该实施计划应由有关的社区和人民团体密切参与制订。由于历史地区及其周围环境的社会、经济及自然状态方面会随时间流逝而不断变化，因此，对其研究和分析应是一个连续不断的过程。所以，至关重要的是在能够进行研究的基础上制订保护计划并加以实施，而不是由于推敲计划过程而予以拖延。

22．一旦制订出保护计划和详细说明并获得有关公共当局批准，最好由制订者本人或在其指导下予以实施。

23．在具有几个不同时期特征的历史地区，保护应考虑到所有这些时期的表现形式。

24．在有保护计划的情况下，只有根据该计划方可批准涉及拆除既无建筑价值和历史价值且结构又极不稳固、无法保存的建筑物的城市发展或贫民区治理计划，以及拆除无价值的延伸部分或附加楼层，乃至拆除有时破坏历史地区整体感的新建筑。

25. 保护计划未涉及地区的城市发展或贫民区治理计划应尊重具有建筑或历史价值的建筑物和其他组成部分及其附属建筑物。如果这类组成部分可能受到该计划的不利影响，应在拆除之前制订上述保护计划。

26. 为确保这些计划的实施不致有利于牟取暴利或与计划的目标相悖，有必要经常进行监督。

27. 任何影响历史地区的城市发展或贫民区治理计划应遵守适用于防止火灾和自然灾害的通用安全标准，只要这与适用于保护文化遗产的标准相符。如果确实出现了不符的情况，各有关部门应通力合作找出特别的解决方法，以便在不损坏文化遗产的同时，提供最大的安全保障。

28. 应特别注意对新建筑物制订规章并加以控制，以确保该建筑能与历史建筑群的空间结构和环境协调一致。为此，在任何新建项目之前，应对城市的来龙去脉进行分析，其目的不仅在于确定该建筑群的一般特征，而且在于分析其主要特征，如：高度、色彩、材料及造型之间的和谐、建筑物正面和屋顶建造方式的衡量、建筑面积与空间体积之间的关系及其平均比例和位置。特别应注意基址的面积，因为存在着这样一个危险，即基址的任何改动都可能带来整体的变化，均对整体的和谐不利。

29. 除非在极个别情况下并出于不可避免的原因，一般不应批准破坏古迹周围环境而使其处于孤立状态，也不应将其迁移他处。

30. 历史地区及其周围环境应得到保护，避免因架设电杆、高塔、电线或电话线、安置电视天线及大型广告牌而带来的外观损坏。在已经设置这些装置的地方，应采取适当措施予以拆除。张贴广告、霓虹灯和其他各种广告、商业招牌，以及人行道与各种街道设备应精心规划并加以控制，以使它们与整体相协调。应特别注意防止各种形式的破坏活动。

31. 各成员国及有关团体应通过禁止在历史地区附近建立有害工业，并通过采取预防措施消除由机器和车辆所带来的噪声、振动和颤动的破坏性影响，保护历史地区及其周围环境免受由于某种技术发展，特别是各种形式的污染所造成的日益严重的环境损害。另外还应做出规定，采取措施消除因旅游业的过分开发而造成的危害。

32. 各成员国应鼓励并帮助地方当局寻求解决大多数历史建筑群中所存在的一方面机动交通另一方面建筑规模以及建筑质量之间的矛盾的方法。为了解决这一矛盾并鼓励步行，应特别重视设置和开放既便于步行、服务通行又便于公共交通的外围乃至中央停车场和道路系统。许多诸如在地下铺设电线和其他电缆的修复工程，如果单独实施耗资过大，可以简单而经济地与道路系统的发展相结合。

33. 保护和修复工作应与振兴活动齐头并进。因此，适当保持现有的适当作用，特别是贸易和手工艺，并增加新的作用是非常重要的，这些新作用从长远来看，如果具有生命力，应与其所在的城镇、地区或国家的经济和社会状态相符合。保护工作的费用不仅应根据建筑物的文化价值而且应根据其经使用获得的价值进行估算。只有参照了这两方面的价值尺度，才能正确看待保护的社会问题。这些作用应满足居民的社会、文化和经济需要，而又不损坏有关地区的具体特征。文化振兴政策应使历史地区成为文化活动的中心并使其在周围社区的文化发展中发挥中心作用。

34. 在农村地区，所有引起干扰的工程和经济、社会结构的所有变化应严加控制，以使具有历史意义的农村社区保持其在自然环境中的完整性。

35. 保护活动应把公共当局的贡献同个人或集体所有者、居民和使用者单独或共同做出的贡献联系起来，应鼓励他们提出建议并充分发挥其积极作用。因此，特别应通过以下方法在社区和个人之间建立各种层次的经常性的合作：适合于某类人的信息资料，适合于有关人员的综合研究，建立附属于计划小组的顾问团体；所有者、居民和使用者在对公共企业机构发挥咨询作用方面的代表性。这些机构负责有关保护计划的决策、管理和组织实施的机构或负责创建参与实施计划。

36. 应鼓励建立自愿保护团体和非营利性协会以及设立荣誉或物质奖励，以使保护领域中各方面卓有成效的工作能得到认可。

37. 应通过中央、地区和地方当局足够的预算拨款，确保得到保护历史地区及其环境计划中所规定的用于公共投资的必要资金。所有这些资金应由受委托协调国家、地区或地方各级一切形式的财政援助，并根据全面行动计划发放资金的公共、私人或半公半私的机构集中管理。

38. 下述形式的公共援助应基于这样的原则：在适当和必要的情况下，有关当局采取的措施，应考虑到修复中的额外开支，即与建筑物新的市场价格或租金相比，强加给所有者的附加开支。

39. 一般来说，这类公共资金应主要用于保护现有建筑，特别包括低租金的住宅建筑，而不应划拨给新建筑的建设，除非后者不损害现有建筑物的使用和作用。

40. 赠款、补贴、低息贷款或税收减免应提供给按保护计划所规定的标准进行保护计划所规定的工程的私人所有者和使用者。这些税收减免、赠款和贷款可首先提供给拥有住房和商业财产的所有者或使用者团体，因为联合施工比单独行动更加节省。给予私人所有者和使用者的财政特许权，在适当情况下，应取决于要求遵守为公共利益而规定的某些条件的契约，并确保建筑物的完整，例如：允许参观建筑物，允许进入公园、花园或遗址，允许拍照等。

41. 应在公共或私人团体的预算中，拨出一笔特别资金，用于保护受到大规模公共工程和污染危害的历史建筑群。公共当局也应拨出专款，用于修复由于自然灾害所造成的损坏。

42. 另外，一切活跃于公共工程领域的政府部门和机构应通过既符合自己目的，又符合保护计划目标的融资，安排其计划与预算，以便为历史建筑群的修复做出贡献。

43. 为了增加可资利用的财政资源，各成员国应鼓励建立保护历史地区及其周围环境的公共和／或私人金融机构。这些机构应有法人地位，并有权接受来自个人、基金会以及有关工业和商业方面的赠款。对捐赠人可给予特别的税收减免。

44. 通过建立借贷机构为保护历史地区及其周围环境所进行的各种工程的融资工作，可由公共机构和私人信贷机构提供便利，这些机构将负责向所有者提供低息长期贷款。

45. 各成员国和其他有关各级政府部门可促进非营利组织的建立。这些组织负责以周转资金购买，或如果合适在修复后出售建筑物。这笔资金是为了使那些希望保护历史建筑物、维护其特色的所有人能够在其中继续居住而专门设立的。

46. 保护措施不应导致社会结构的崩溃，这一点尤为重要。为了避免因翻修给不得不从建筑物或建筑群迁出的最贫穷的居民带来艰辛，补偿上涨的租金能使他们得以维持家庭住房、商业用房、作坊以及他们传统的生活方式和职业，特别是农村手工业、小型农业、渔业等。这项与收入挂钩的补偿，将会帮助有关人员偿付由于进行工程而导致的租金上涨。

五．研究、教育和信息

47. 为了提高所需技术工人和手工艺者的工作水平，并鼓励全体民众认识到保护的必要性并参与保护工作，各成员国应根据其立法和宪法权限，采取以下措施。

48. 各成员国和有关团体应鼓励系统地学习和研究：

城市规划中有关历史地区及其环境方面；

各级保护和规划之间的相互联系；

适用于历史地区的保护方法；

材料的改变；

现代技术在保护工作中的运用；

与保护不可分割的工艺技术。

49．应采用并与上述问题有关的，并包括实习培训期的专门教育。另外，至关重要的是鼓励培养专门从事保护历史地区，包括其周围的空间地带的专业技术工人和手工艺者。此外，还有必要振兴受工业化进程破坏的工艺本身。在这方面有关机构有必要与专门的国际机构进行合作，如在罗马的文化财产保护与修复研究中心、国际古迹遗址理事会和国际博物馆协会。

50．对地方在历史地区保护方面发展中所需行政人员的教育，应根据实际需要，按照长远计划由有关当局提供资金并进行指导。

51．应通过校外和大学教育，以及通过诸如书籍、报刊、电视、广播、电影和巡回展览等信息媒介增强对保护工作必要性的认识。还应提供不仅有关美学而且有关社会和经济得益于进展良好的保护历史地区及其周围环境的政策方面的、全面明确的信息。这种信息应在私人和政府专门机构以及一般民众中广为传播，以使他们知道为什么以及怎样才能按此方法改善他们的环境。

52．对历史地区的研究应包括在各级教育之中，特别是在历史教学中，以便反复向青年人灌输理解和尊重昔日成就，并说明这些遗产在现代生活中的作用。这种教育应广泛利用视听媒介及参观历史建筑群的方法。

53．为了帮助那些想了解历史地区的青年人和成年人，应加强教师和导游的进修课程以及对教师的培训。

六．国际合作

54．各成员国应在历史地区及其周围环境的保护方面进行合作，如有必要，寻求政府间的和非政府间的国际组织的援助，特别是联合国教科文组织——国际博物馆协会——国际古迹遗址理事会文献中心的援助。此种多边或双边合作应认真予以协调，并应采取诸如下列形式的措施：

（1）交流各种形式的信息及科技出版物；

（2）组织专题研讨会或工作会；

（3）提供研究或旅行基金，派遣科技和行政工作人员并发送有关设备；

（4）采取共同行动以对付各种污染；

（5）实施大规模保护、修复与复原历史地区的项目，并公布已取得的经验。在边境地区，如果发展和保护历史地区及其周围的环境导致影响边境两边的成员国的共同问题，双方应协调其政策和行动，以确保文化遗产以尽可能的最佳方法得到利用和保护；

（6）邻国之间在保护共同感兴趣并具有本地区历史和文化发展特点的地区

方面应互相协助。

55. 根据本建议的精神和原则，一成员国不应采取任何行动拆除或改变其所占领土之上的历史区段、城镇和遗址的特征。以上是 1976 年 11 月 30 日在内罗毕召开的联合国教育、科学及文化组织大会第十九届会议正式通过之公约的作准文本。

特此签字，以昭信守。

《保护历史城镇与城区宪章（华盛顿宪章）》（1987）

（国际古迹遗址理事会全体大会第八届会议于 1987 年 10 月在华盛顿通过）

序言与定义

一、所有城市社区，不论是长期逐渐发展起来的，还是有意创建的，都是历史上各种各样的社会的表现。

二、本宪章涉及历史城区，不论大小，其中包括城市、城镇以及历史中心或居住区，也包括其自然的和人造的环境。除了它们的历史文献作用之外，这些地区体现着传统的城市文化的价值。今天，由于社会到处实行工业化而导致城镇发展的结果，许多这类地区正面临着威胁，遭到物理退化、破坏甚至毁灭。

三、面对这种经常导致不可改变的文化、社会甚至经济损失的惹人注目的状况，国际古迹遗址理事会认为有必要为历史城镇和城区起草一国际宪章，作为《国际古迹保护与修复宪章》（通常称之为《威尼斯宪章》）的补充。这个新文本规定了保护历史城镇和城区的原则、目标和方法。它也寻求促进这一地区私人生活和社会生活的协调方法，并鼓励对这些文化财产的保护。这些文化财产无论其等级多低，均构成人类的记忆。

四、正如联合国教育、科学及文化组织 1976 年华沙—内罗毕会议《关于历史地区保护及其当代作用的建议》以及其他一些文件所规定的，"保护历史城镇与城区"意味着这种城镇和城区的保护、保存和修复及其发展并和谐地适应现代生活所需的各种步骤。

原则和目标

一、为了更加卓有成效，对历史城镇和其他历史城区的保护应成为经济与社会发展政策的完整组成部分，并应当列入各级城市和地区规划。

二、所要保存的特性包括历史城镇和城区的特征以及表明这种特征的一切物质的和精神的组成部分，特别是：

（一）用地段和街道说明的城市的形制；

（二）建筑物与绿地和空地的关系；

（三）用规模、大小、风格、建筑、材料、色彩以及装饰说明的建筑物的外貌，包括内部的和外部的；

（四）该城镇和城区与周围环境的关系，包括自然的和人工的；

（五）长期以来该城镇和城区所获得的各种作用。任何危及上述特性的威胁，都将损害历史城镇和城区的真实性。

三、居民的参与对保护计划的成功起着重大的作用，应加以鼓励。历史城镇和城区的保护首先涉及它们周围的居民。

四、历史城镇和城区的保护需要认真、谨慎以及系统的方法和学科，必须避免僵化，因为个别情况会产生特定问题。

方法和手段

一、在做出保护历史城镇和城区规划之前必须进行多学科的研究。保护规划必须反映所有相关因素，包括考古学、历史学、建筑学、工艺学、社会学以及经济学。保护规划的主要目标应该明确说明达到上述目标所需的法律、行政和财政手段。保护规划的目的应旨在确保历史城镇和城区作为一个整体的和谐关系。保护规划应该决定哪些建筑物必须保存，哪些在一定条件下应该保存以及哪些在极其例外的情况下可以拆毁。在进行任何治理之前，应对该地区的现状做出全面的记录。保护规划应得到该历史地区居民的支持。

二、在采纳任何保护规划之前，应根据本宪章和威尼斯宪章的原则和目的开展必要的保护活动。

三、新的作用和活动应该与历史城镇和城区的特征相适应。使这些地区适应现代生活需要认真仔细地安装或改进公共服务设施。

四、房屋的改进应是保存的基本目标之一。

五、当需要修建新建筑物或对现有建筑物改建时，应该尊重现有的空间布局，特别是在规模和地段大小方面。与周围环境和谐的现代因素的引入不应受到打击，因为，这些特征能为这一地区增添光彩。

六、通过考古调查和适当展出考古发掘物，应使一历史城镇和城区的历史知识得到拓展。

七、历史城镇和城区内的交通必须加以控制，必须划定停车场，以免损坏其历史建筑物及其环境。

八、城市或区域规划中作出修建主要公路的规定时，这些公路不得穿过历史城镇或城区，但应改进接近它们的交通。

九、为了保护这一遗产并为了居民的安全与安居乐业，应保护历史城镇免受自然灾害、污染和噪声的危害。不管影响历史城镇或城区的灾害的性质如何，必须针对有关财产的具体特性采取预防和维修措施。

十、为了鼓励全体居民参与保护，应为他们制定一项普通信息计划，从学龄儿童开始。与遗产保护相关的行为亦应得到鼓励，并应采取有利于保护和修复的财政措施。

十一、对一切与保护有关的专业应提供专门培训。

《历史文化名城名镇名村保护条例》(2008)(节选)

(2008 年 4 月 2 日国务院第 3 次常务会议通过,自 2008 年 7 月 1 日 起施行)

　　第二十六条　历史文化街区、名镇、名村建设控制地带内的新建建筑物、构筑物,应当符合保护规划确定的建设控制要求。

　　第二十七条　对历史文化街区、名镇、名村核心保护范围内的建筑物、构筑物,应当区分不同情况,采取相应措施,实行分类保护。

　　历史文化街区、名镇、名村核心保护范围内的历史建筑,应当保持原有的高度、体量、外观形象及色彩等。

　　第二十八条　在历史文化街区、名镇、名村核心保护范围内,不得进行新建、扩建活动。但是,新建、扩建必要的基础设施和公共服务设施除外。

　　在历史文化街区、名镇、名村核心保护范围内,新建、扩建必要的基础设施和公共服务设施的,城市、县人民政府城乡规划主管部门核发建设工程规划许可证、乡村建设规划许可证前,应当征求同级文物主管部门的意见。

　　在历史文化街区、名镇、名村核心保护范围内,拆除历史建筑以外的建筑物、构筑物或者其他设施的,应当经城市、县人民政府城乡规划主管部门会同同级文物主管部门批准。

　　第四十七条　本条例下列用语的含义:

　　(一)历史建筑,是指经城市、县人民政府确定公布的具有一定保护价值,能够反映历史风貌和地方特色,未公布为文物保护单位,也未登记为不可移动文物的建筑物、构筑物。

　　(二)历史文化街区,是指经省、自治区、直辖市人民政府核定公布的保存文物特别丰富、历史建筑集中成片、能够较完整和真实地体现传统格局和历史风貌,并具有一定规模的区域。

　　历史文化街区保护的具体实施办法,由国务院建设主管部门会同国务院文物主管部门制定。

《历史文化名城保护规划规范》(2005)(节选)

4 历史文化街区

4.1 一般规定

4.1.1 历史文化街区应具备以下条件:

(1)有比较完整的历史风貌;

(2)构成历史风貌的历史建筑和历史环境要素基本上是历史存留的原物;

(3)历史文化街区用地面积不小于 $1hm^2$;

(4)历史文化街区内文物古迹和历史建筑的用地面积宜达到保护区内建筑总用地的 60% 以上。

4.1.2 历史文化街区保护规划应确定保护的目标和原则,严格保护该街区历史风貌,维持保护区的整体空间尺度,对保护区内的街巷和外围景观提出具体的保护要求。

4.1.3 历史文化街区保护规划应按详细规划深度要求,划定保护界线并分别提出建(构)筑物和历史环境要素维修、改善与整治的规定,调整用地性质,制定建筑高度控制规定,进行重要节点的整治规划设计,拟定实施管理措施。

4.1.4 历史文化街区增建设施的外观、绿化布局与植物配置应符合历史风貌的要求。

4.1.5 历史文化街区保护规划应包括改善居民生活环境、保持街区活力的内容。

4.1.6 位于历史文化街区外的历史建筑群,应依照历史文化街区的保护要求进行管理。

4.2 保护界线划定

4.2.1 历史文化街区保护界线的划定应按下列要求进行定位:

(1)文物古迹或历史建筑的现状用地边界;

(2)在街道、广场、河流等处视线所及范围内的建筑物用地边界或外观界面;

(3)构成历史风貌的自然景观边界。

4.2.2 历史文化街区的外围应划定建设控制地带的具体界线,也可根据实际需要划定环境协调区的界线。建设控制地带内的控制要求应符合本规范 3.2.6 条的规定。

4.2.3 历史文化街区内的文物保护单位、保护建筑的保护界线划定和具体规划控制要求，应符合本规范 3.2.2、3.2.3、3.2.4 条的规定。

4.3　保护与整治

4.3.1　对历史文化街区内需要保护的建（构）筑物应根据各自的保护价值按表 4.3.1 的规定进行分类，并逐项进行调查统计。

历史文化街区保护建（构）筑物一览表　　　　　表 4.3.1

类别 \ 状况	序号	名称或地址	建造时代	结构材料	建筑层数	使用功能	建筑面积（m²）	用地面积（m²）	备注
文物保护单位	▲	▲	▲	▲	▲	▲	▲	▲	△
保护建筑	▲	▲	▲	▲	▲	▲	▲	▲	△
历史建筑	▲	▲	△	▲	▲	▲	△	△	△

注：1. ▲为必填项目，△为选填项目。

2. 备注中可说明该类别的历史概况和现存状况。

4.3.2　历史文化街区内的历史环境要素应列表逐项进行调查统计。

4.3.3　历史文化街区内所有的建（构）筑物和历史环境要素应按表 4.3.3 的规定选定相应的保护和整治方式。

历史文化街区建（构）筑物保护与整治方式　　　　表 4.3.3

分类	文物保护单位	保护建筑	历史建筑	一般建（构）筑物	
				与历史风貌无冲突的建（构）筑物	与历史风貌有冲突的建（构）筑物
保护与整治方式	修缮	修缮	维修改善	保留	整修、改造、拆除

注：表中"与历史风貌无冲突的建构筑物"和"与历史风貌有冲突的建构筑物"是指文物保护单位、保护建筑和历史建筑以外的所有新旧建筑。

4.3.4　历史文化街区内的历史建筑不得拆除。

4.3.5　历史文化街区内构成历史风貌的环境要素的保护方式应为修缮、维修。

4.3.6　历史文化街区内与历史风貌相冲突的环境要素的整治方式应为整修、改造。

4.3.7　历史文化街区外的历史建筑群的保护方式应为维修、改善。

4.3.8　历史文化街区内拆除建筑的再建设，应符合历史风貌的要求。

4.4　道路交通

4.4.1　历史文化街区的道路交通规划应符合本规范 3.4 节的规定，并对限制性内容的限制程度适度强化。

4.4.2　历史文化街区应在保持道路的历史格局和空间尺度基础上，采用传统的路面材料及铺砌方式进行整修。

4.4.3　历史文化街区内道路的断面、宽度、线型参数、消防通道的设置等均应考虑历史风貌的要求。

4.4.4　从道路系统及交通组织上应避免大量机动车交通穿越历史文化街区。历史文化街区内的交通结构应满足自行车及步行交通为主。根据保护的需要，可划定机动车禁行区。

4.4.5　历史文化街区内不应新设大型停车场和广场，不应设置高架道路、立交桥、高架轨道、客运货运枢纽、公交场站等交通设施，禁设加油站。

4.4.6　历史文化街区内的街道应采用历史上的原有名称。

4.5　市政工程

4.5.1　历史文化街区的市政工程规划应符合本规范 3.5 节的规定，并对限制性内容的限制程度适度强化。

4.5.2　历史文化街区不应设置大型市政基础设施，小型市政基础设施应采用户内式或适当隐蔽，其外观和色彩应与所在街区的历史风貌相协调。

4.5.3　历史文化街区内的所有市政管线应采取地下敷设方式。

4.5.4　当市政管线布设受到空间限制时，应采取共同沟、增加管线强度、加强管线保护等措施，并对所采取的措施进行技术论证后确定管线净距。

4.6　防灾和环境保护

4.6.1　历史文化街区的防灾和环境保护规划应符合本规范 3.6 节的规定，并对限制性内容的限制程度适度强化。

4.6.2　历史文化街区和历史地段内应设立社区消防组织，并配备小型、适用的消防设施和装备。在不能满足消防通道要求及给水管径 DN<100mm 的街巷内，应设置水池、水缸、沙池、灭火器及消火栓箱等小型简易消防设施及装备。

4.6.3　在历史文化街区外围宜设置环通的消防通道。

参考文献

[1] 阮仪三，孙萌．我国历史街区保护与规划的若干问题研究 [J]．城市规划，2001（10）．

[2] （英）巴里·卡林沃思，文森特·纳丁．英国城乡规划 [M]．陈闽齐译．南京：东南大学出版社，2011．

[3] 周俭，张恺．在城市上建造城市 [M]．北京：中国建筑工业出版社，2003．

[4] 张松．历史城市保护学导论 [M]．上海：同济大学出版社，2008．

[5] （英）史蒂文·蒂耶斯德尔，等．城市历史街区的复兴 [M]．张玫英，董卫译．北京：中国建筑工业出版社，2004．

[6] 周俭，梁洁，陈飞．历史保护区保护规划的实践研究——上海历史文化风貌区保护规划编制的探索 [J]．城市规划学刊，2007（4）．

[7] 伍江，王林．历史文化风貌区保护规划编制与管理 [M]．上海：同济大学出版社，2007．

[8] 肖竞，曹珂．历史街区保护研究评述、技术方法与关键问题 [J]．城市规划学刊，2017（3）．

[9] 北京市规划委员．北京旧城二十五片历史文化保护区保护规划．北京：北京燕山出版社，2002．

[10] （英）W·鲍尔．城市的发展过程 [M]．倪文彦译．北京：中国建筑工业出版社，1981．

[11] 刘健．巴黎精细化城市规划管理下的城市风貌传承 [J]．国际城市规划．2017（2）．

[12] 薛林平．建筑遗产保护概论 [M]．北京：中国建筑工业出版社，2013．

[13] 张凡．城市发展中的历史文化保护对策 [M]．南京：东南大学出版社，2006．

[14] 清华大学建筑学院．城市规划资料集：城市历史保护与城市更新 [M]．北京：中国建筑工业出版社，2008．